家用干衣机烘干特性及织物烘后性能评价

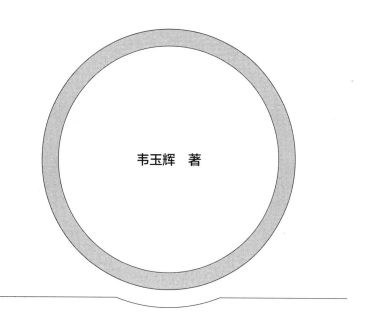

韦玉辉　著

中国纺织出版社有限公司

内 容 提 要

本书从服装日常烘干护理技术和家电生产制造企业产品性能优化升级的基本需求出发，全面阐述了有关服装日常烘干护理技术的基本原理和方法，主要内容包括：织物温湿度滚筒干衣机的结构组成、工作原理、织物滚筒烘干动力学影响因素、烘干过程织物温湿度及其运动形态的变化规律、烘干环境热物理特性及其与织物的耦合规律、织物内热质交换规律、织物烘干后性能变化等。本书以阐述织物烘干过程温湿度变化规律为重点，同时对其过程涉及的热湿传递规律、织物烘后性能评价等内容也作了扼要介绍。书中图文并茂，资料翔实，内容丰富，具有较高的阅读和参考价值。

本书可作为纺织服装类高等院校及相关高等职业技术院校服装专业的拓展阅读材料，也可作为家电生产制造企业的工程技术人员、从事服装日常护理的干洗店及服装日常护理行业工作相关人员的阅读参考或作为培训资料。

图书在版编目（CIP）数据

家用干衣机烘干特性及织物烘后性能评价 / 韦玉辉著 . -- 北京：中国纺织出版社有限公司，2020.4

ISBN 978-7-5180-7153-1

Ⅰ. ①家… Ⅱ. ①韦… Ⅲ. ①干衣机—研究 Ⅳ.

① TM925.340.7

中国版本图书馆 CIP 数据核字（2020）第 020065 号

责任编辑：苗　苗　　责任校对：寇晨晨　　责任印制：王艳丽

中国纺织出版社有限公司出版发行

地址：北京市朝阳区百子湾东里 A407 号楼　邮政编码：100124

销售电话：010—67004422　传真：010—87155801

http://www.c-textilep.com

中国纺织出版社天猫旗舰店

官方微博 http://weibo.com/2119887771

北京玺诚印务有限公司印刷　各地新华书店经销

2020 年 4 月第 1 版第 1 次印刷

开本：787×1092　1/16　印张：10

字数：157 千字　定价：78.00 元

前言

受生活观念、生活环境（居住空间的限制和雾霾天气的出现）、消费结构的改变、生活节奏的加快、健康意识的提高及护理机械设备发展的影响，干衣机正以每年500%的增长速率迅速进入家庭生活。然而，目前市场上的干衣机产品普遍存在烘干时间长、耗能高、烘干不均匀、程序可选择性少、判停不准确及由此而导致的烘不干或过烘、烘后衣物性能下降等问题，因此从事服装日常烘干护理技术研发工作的从业人员以及家电生产制造企业的工程技术人员迫切需要了解和掌握有关服装日常烘干护理技术的相关知识，并研发烘干效率高、衣物损伤小的服装日常烘干护理技术。

然而，目前国内外对干衣机烘干的理论研究相对较少，而且主要集中在依据烘干过程所测数据构建的烘干速率曲线模型或者回归模型等方面的研究，而很少从质量、能量及动量守恒的角度，利用数学方法构建织物烘干过程传热传质模型进行织物烘干过程传热传质机制研究，因此无法从机理上解释织物烘干过程的传热传质规律。此外，上述研究所建立的模型均属于针对特定物料进行大批量试验的经验模型，其模型具有通用性差、随机误差大，很难推广到其他织物或者烘干水平（指将织物烘干到储存水平、直接穿着水平、熨烫水平）上的问题。另外，目前关于织物滚筒烘干动力学的研究主要是关于干衣机特性参数和物料特性参数（加热丝功率、风速、转速、负载量、厚度等）对烘干能耗结果的简单分析，而很少从烘干过程织物运动、受力、温湿度变化的角度，深入全面地分析各因素对烘干效率各指标（烘干时间、能耗、均匀性、最终含水率）的影响程度及影响机制，因而很难从机理上解释各因素与织物滚筒烘干动力学各指标的内在联系。更缺乏从综合考虑烘干效率、环境经济影响及烘后织物性能的角度，充分利用织物烘干过程织物温湿度、织物运动形态的时变性和阶段性特征，进行烘干模式优化的研究。

为了解决上述现实和理论问题，笔者通过收集一些国内外资料，走访一些服装护理技术研发中心和从事服装护理设备研发的家电生产制造企业，并结合近几年从事纺织服装护理技术实验研究结果，对织物滚筒烘干设备的结构组成、工作原理、织物滚筒烘干动力学影响因素、烘干过程织物温湿度及其运动形态的变化规律、烘干环境热物理特性及其与织物的耦合规律、织物内热质交换规律、织物烘干后各项性能变化等内容进行了系统地阐述。

本书在编写过程中得到很多从事服装护理技术研发的家电生产制造企业、服装企业及服用性能评价设备企业的大力支持，在此表示衷心感谢。同时，在编写过程中，笔者也参考了大量相关文献，在此谨向这些文献的作者表示最诚挚的谢意。此外，必须指出，本书得到了安徽工程大学引进人才启动基金（2018YQQ009）、安徽省省级特色专业项目－服装设计与工程专业（2016tszy009）、安徽工程大学校级科研项目（Xjky03201908）、企业委托研发项目（KH10000600）、工效学协会－津发科技优秀青年学者联合研究基金项目（CES-Kingfar-2019-005）、2019年度杭州职业技术学院教师企业经历工程校级重点项目（XQ20191002）及安徽省重点研究与开发计划面上攻关项目（201904a05020067）、安徽工程大学本科生项目（KC22019089）的资金支持，在此一并表示感谢。最后，衷心希望本书能给广大从事服装护理技术和护理设备研究的读者带来方便，并成为他们的良师益友。

由于笔者水平有限，书中难免有疏漏和不妥之处，恳请专业院校的师生、工程技术专家和广大读者批评指正。

作者

2019年7月

目录

第一章

绪　论

第一节　背景与意义

随着生活环境的变化，生活观念的改变以及健康意识的增强（阳光下晾晒仅杀死15%的细菌，室内晾干杀死细菌的比率更低），大众对于家用干衣机的需求正逐步增加。然而，目前市面上的干衣机均存在烘干程序有限、耗能耗时、烘干不均匀、织物烘后外观差（尺寸收缩、起皱、起毛起球）甚至损伤衣物等问题。因而，解决上述问题成为干衣机厂家生存发展的必然选择。

目前，关于干衣机烘干的研究主要集中在干衣机参数对烘干能耗的影响研究、烘干参数对织物失水速率曲线影响或者依据烘干所测数据构建的烘干回归模型方面。而对烘干的实质问题——烘干过程烘干气流及织物温湿度的变化、干衣机耗能情况、织物滚筒烘干动力学的影响因素及其作用机制、烘干过程织物运动轨迹及其与烘干效率之间的关系，从质量、能量及动量角度，利用数学方法构建织物烘干过程传热传质的偏微分方程，并采用相关数学方法对其模型进行求解、织物烘后各项性能变化、综合考虑烘后织物性能和烘干效率的干衣机烘干模式优化的研究鲜见报道。此外，上述研究结论所建立的模型均属于针对特定物料进行大批量试验的经验模型，因而其模型具有通用性差、随机误差大、很难推广到其他织物或者烘干水平（指将织物烘干到储存水平、直接穿着水平、熨烫水平）的问题，不能从根本上解决干衣机耗能耗时织物烘后性能下降的问题。

为了解决上述理论和现实问题，必须开展织物滚筒烘干动力学影响因素、烘干过程织物温湿度及其运动形态的变化规律、烘干环境热物理特性及其与织物的耦合规律，织物内热质交换规律、织物烘干后性能变化等方面的深入研究，掌握其过程行为变化规律，最大限度地提高干衣机烘干效率。此外，通过研究，既可以指导干衣机程序优化挖掘巨大的节能潜力，又可以提高织物烘后外观效果并降低损伤。同时，也可以帮助理解烘干过程中织物传热传质机理、织物性能变化规律及其变化机制、烘干模式优化、丰富织物烘干理论。另外，其研究成果也可应用到烘干过程控制、织物烘干传热传质模型构建、织物烘干模式优化、织物烘干能耗计算、烘干技术及工艺革新等方面，进而实现节能、高效、优质织物烘干、降低干衣机研发成本、减少试验次数、规范评价方法及丰富评价指标等目的。

第二节　干衣机烘干技术发展历程

衣物烘干就是指利用热能使衣物中的水分汽化，并将产生的蒸汽排除的过程，是一个非常常见的现象，但是至今人们对其理解并不透彻，仍处于"知其然而不知其所以然"的水平。要想对织物烘干进行全面了解，必须对其技术所涉及的烘干设备组成构件、工作原理、织物滚筒烘干动力学影响因素、烘干过程织物运动轨迹、烘干过程传热传质机理、烘后织物性能变化及其评价等知识进行详细研究。因此，本部分重点回顾了上述几个方面的研究历程。

一、烘干设备及其节能技术发展历程

（一）烘干设备种类及工作原理

干衣机就是一种通过物理手段加速衣物中水分的蒸发，使衣物尽快干燥的设备。在此过程中，加热的空气与湿衣物进行热湿交换变为热湿空气，直接排放在空气中或者对其进行热回收、湿处理、再利用。常见的干衣机有以下三种分类方式。

1. 按烘干时加热类型分

按烘干时加热类型可分为燃气式干衣机、电热式干衣机、热泵式干衣机。

燃气式干衣机是用燃烧加热的空气直接烘干衣物，然后将与衣物进行热湿交换的热湿空气直接排出。由于经燃气加热的高温空气送入干衣筒与衣物直接接触，因此对燃气品质要求非常高，同时也具有较高的安装、安全要求。这种干衣机目前主要流行于北美地区，在我国很少见，主要与国家的住宅配置、能源供给形式有关。

目前我国市场上，几乎都是电热式干衣机，其工作原理如图1–1所示，直接用电热管或者PTC（Positive Temperature Coefficient）加热器对进入机箱内的外界空气进行加热，加热后的空气进入滚筒与织物进行热湿交换，然后被抽风机抽走，离开烘干腔体，排放到外

界环境，循环往复直至衣物干燥为止。显然，这种干衣机通过电热部件将衣物烘干，属于将电能转换为热能进行利用，故耗电量较大。

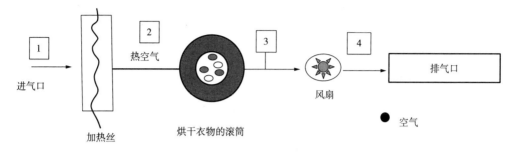

图1-1 电热直排式干衣机工作原理

热泵式干衣机是通过热泵制热技术加热空气，对衣物进行加热干燥，热泵所消耗的电能只是驱动压缩机工作，通过热泵系统中制冷物质的相变实现热量的传递，并不直接将电能转换为热能，其能源利用率最高，其工作原理图如图1-2所示。

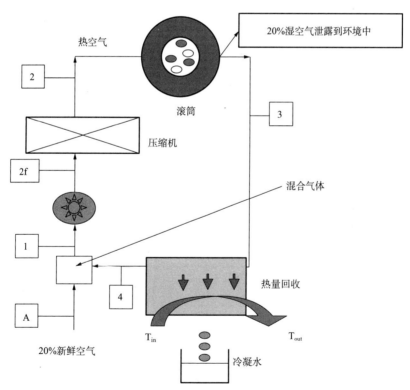

图1-2 热泵式干衣机的工作原理

2. 按外形结构分

按外形结构可分为柜式干衣机和滚筒式干衣机。

柜式干衣机与滚筒式干衣机的干衣原理相同，都是通过高温空气流动来带走衣物内水分进行烘干。二者的区别在于衣物的放置方式不同：柜式干衣机是将衣物用衣架悬挂在箱体内烘干，而滚筒式干衣机是将衣物放置在滚筒中，由滚筒旋转进行烘干。目前市场上的滚筒式干衣机属于主流干衣机类型，这种干衣机体积比柜式机小，也可与洗衣机组合在一起，成为洗干一体机，具有一机多能，使用时较为方便等优势，但洗衣量较多时，需分批烘干，比较麻烦。独立式干衣机烘干量大且烘干效率高，但功能单一，占用空间较大。目前，国内市场上洗干一体机的销售状况相对较好，但是若从干衣护理的科学性与高效性的角度来看，独立式干衣机可能是最佳的选择。

3. 按照湿气的处理类型分

按照湿气的处理类型可分为直排式干衣机和冷凝式干衣机。

直排式干衣机将与湿衣服进行过热湿交换的热湿空气直接排放至机外，这种处理方式使得外部环境的湿度增加很大，对室内温度也有较大影响，降低处于使用环境中用户的体感舒适度。由于其无须设置冷凝装置，因此能节省空间且节约成本。冷凝式是利用机体内的循环热风，把衣服蒸发出来的水蒸气通过特定的冷凝器凝结成水，再从机内的排水管流出，这种方式对热湿空气进行了热回收、湿处理、循环再利用，一般不会对环境空气产生影响。根据冷凝装置的不同，冷凝式的干衣机也可分为水冷式、空气冷凝式和热泵冷凝式，不同类型干衣机性能水平对比如表1-1所示。其中热泵式干衣机集合了热泵制热、制冷机冷却除湿的优点，对能源进行最大化地利用，实现了目前干衣机的最低能耗，同时热泵的冷凝温度远低于电热元件的加热温度，保证了衣物的烘干品质。但热泵式干衣机整机结构复杂、成本高且对使用环境有一定限制（为保证使用效果，不建议在0℃以下，35℃以上使用）。

表1-1 不同类型干衣机性能水平对比

单位能耗 （kW·h/kg）	直排式	水冷式	空气冷凝式	热泵冷凝式
	约0.73	约0.85	约0.68	<0.38
干燥时间	较短	较短	长	较短
烘干温度	高	高	高	低

注　上述干衣机性能测试试验负载均为干棉织物负载。

以上是干衣机较为典型的三种分类方式，除此之外还有其他的分类方式，如按照控制方式分为机械式和电脑程控式，按用途分为工业用干衣机和家用干衣机等。

综上所述，不论何种机型，织物烘干均是依靠内部的加热元件对机体内的空气进行加热，同时依靠电动机带动滚筒或叶轮转动，使加热后的空气与衣物接触，热湿充分交换，并将衣物内多余的水分迅速脱离的过程。热空气既作为织物烘干的热源，又作为织物排除水分的载体。因此，各种机型的织物烘干过程温湿度变化趋势、运动轨迹、传热传质规律、烘干机理是相似的。此外，考虑到热电直排式干衣机是最原始且结构相对简单的干衣机，而且更容易改造的特点，本书选择了热电直排式干衣机作为研究对象，进行干衣机烘干特性及织物烘后性能变化机制的研究。

（二）节能技术

曹崇文等人指出，过程节能、系统节能和单元设备节能是实现全面节能的三个重要内容。其中，过程节能指的是通过对烘干过程的合理控制及烘干参数的合理设置实现的；系统节能则是通过对烘干设备能源系统的热效率、热经济及㶲效应分析，实现对烘干系统中各单元设备所需能量的精准配置；单元设备节能则是指通过对烘干设备进行改造或者引进新的烘干技术，实现提高烘干效率的方法。

Fudholi等人提出通过控制进气口空气的温湿度可以提高烘干效率。Piccagli等人提出使用PID（Proportion Integral Derivative）控制器优化加热丝功率，可实现降低烘干能耗的目的。同时，Ameen、Deans和Conde等人都提出使用热回收装置，将排气口处的废气余热收集，可降低烘干能耗。Van Meel提出增加一个空气循环装置实现烘干效率的提高。Ng等人提出利用织物的吸湿性提高织物最终含水率的方法，避免过烘出现，降低烘干能耗。陈桂平等人提出用变频技术来提高织物烘干效率。宋朋洋等人提出使用热泵压缩机降低烘干能耗。也有很多学者提出将热泵技术应用到家用干衣机中，可以显著降低烘干能源的消耗。

综上所述，目前关于干衣机的节能研究，主要集中在单元设备节能和过程节能中（将烘干过程看成一个整体的烘干参数优化节能）。对通过将烘干过程划分成几个阶段，并充分利用各阶段特性，合理控制各阶段参数，进而实现系统节能及单元设备节能的过程节能未见涉及。织物烘干具有明显的时变性、阶段性特征，能否充分利用这一特征对于能否最大限度地提高干衣机烘干效率至关重要，也是实现干衣机全面节能的关键。

二、烘干过程的动力学研究

由烘干理论可知，织物滚筒烘干动力学研究实质就是在研究烘干参数与织物脱水速率关系的科学。其也是实现高效、节能、优质烘干织物目的的重要研究部分。故很多学者对其进行了研究，具体研究进展如下。

L.Higgins等人指出，滚筒内的温度会显著影响织物中水分的蒸发，即当烘干负载一定时，温度越高，水分蒸发越快，烘干时间越短。Y.L.Wu等人也指出，当滚筒转动频率、滚筒大小、风速和负载等因素一定的时候，烘干温度与烘干时间成反比例关系。但是织物是存在极限温度的，不可能无限升高。因此，需要根据织物种类适当调节烘干温度（加热丝功率），这就预示着需要一个温度可调的试验平台。DO.Yeong jin等人通过对气流速度与加热功率对冷凝式干衣机耗电量及烘干时间的影响研究，发现气流速度对烘干性能的影响不显著；而加热功率对烘干时间影响显著，烘干时间随加热功率增加而减少。Yun 和 Park 指出织物在滚筒洗衣机中的运动形态会显著影响织物的洗涤效率。J.Mellmann 在滚筒干燥器的研究中，指出颗粒在滚筒内的停留时间会直接影响物料与热风的接触时间。虽然 Yun 和 J.Mellmann 的研究并不是在干衣机中进行的，但是织物在干衣机内烘干也属于滚筒运动的一种，因此他们的研究可以帮助理解织物烘干过程，从而改进干衣机内的织物运动，优化设计干衣机的参数。此外，织物烘干既是一个在离心力、摩擦力及重力复合作用下，织物被举起、抛撒、坠落等重复运动的过程，也是一个高温气流与湿织物多次接触，使其所含水分移出的过程。显然，织物运动也是一个影响织物烘干效率的非常重要的因素。因此，有必要对其展开研究。同时，Higgins L. 等人在烘干影响研究中也指出，运动是影响织物烘干效率和烘后性能的重要因素，但是由于试验条件的限制，学者并未对其进行详细探讨。

此外，也有学者对不同织物特性的织物烘干效率进行研究，但是研究主要集中在织物组织、初始含水率、负载量方面。例如，凌群民等人通过对不同成分和组织的针织物的烘干速率的试验研究，发现织物达到平衡状态所需的干燥时间与达到平衡时水分的蒸发总质量及织物的保水率之间有较强的相关性，这也说明织物的干燥时间主要与织物平衡前的含水量有关；由于亲水性纺织材料含水率高于疏水性材料的含水率，所以致使前者达到平衡回潮率所需的时间较后者长。而且，该研究还指出织物烘干过程依据其表面温度和含水率变化情况可划分为升温阶段、恒速烘干阶段、降速烘干阶段、吹冷风阶段，但是后续，该学者并没有去利用织物温湿度的变化规律进行烘干模式优化研究。而由干燥理论可知，不同干燥阶段除去的水分不同，所需要的能量不同。同理，织物烘干也具有不同烘干阶段所需能量不同的规律。陈立秋等人在研究如何降低织物上非结合水分减少烘燥能耗时，指出利用机械力去除水分要比通过烘燥方法去除水分速度更快更节能；由于烘燥的能耗和费用主要取决于需要去除的水量，所以他提出在染整全程工艺中，应最大限度地利用机械力去除水分，即确保织物初始含水率最小。也有学者指出，烘干负载量越大，其烘干时间越长。L.Stawreberg 指出，通过降低烘干负载，可提高烘干效率。但是此研究并没有分析不同负载量的单位除湿量的耗能情况和单位能耗除湿量的情况，只是给出了一个宏观的结果，没有真正分析烘干负载量与织物烘干效率之间的作用机制。显然，这些研究主要集中在织物组织、负载量、初始含水率，而织物特性不仅仅包括这些因素，其也应该包括样块大小、织物单位质量面积等多个因素，但是目前没有学者对其进行系统研究，更没有学者对其从织物运动、织物受力、温湿变化的角度系统探讨织物特性与烘干动力学的作用机制。而由农业、建筑领域的干燥理论可知，物料特性对干燥效率的影响也是极其显著的，例如，马学文等人通过研究不同温度下污泥的干燥速率，发现污泥颗粒的大小显著影响其干燥效率。虽然织物烘干与污泥的干燥有很大差异，但是两者都属于热风对流干燥，其原理基本一致，因而应该对织物样块大小和每平方米质量展开研究。

回顾以上文献可知，尽管很多学者进行了加热丝功率、风速、转速及其转动方向、织物负载量、组织结构、初始含水率等多种因素对织物滚筒烘干动力学影响的研究；也有部分学者指出烘干过程织物温湿度、织物运动形态是时刻变化的，但是并没有学者去逐个分析上述各因素对织物滚筒烘干动力学的影响程度及影响机制，更没有学者从织物烘干过程织物表面温度、织物运动形态的角度，去系统分析上述每个因素对评价烘干动力学（烘干时间、能耗、最终含水率、烘干均匀性）的每个指标的影响程度、作用机制。

造成上述现象的主要原因有以下几个方面：

第一，目前人们把干衣机烘干过程作为一个"黑箱"处理，仅关注烘干结束时的能耗、时间、织物最终含水率、烘干均匀性等指标的数值的大小，而很少关注烘干过程织物温湿度、织物运动形态是如何变化的。

第二，目前从事相关研究的学者所搭建的试验装置，也仅仅实现了加热丝功率和风速这两个影响参数的调节，而转速及转动方向的调节均未实现。因为实现转速调节，不仅需要更换电动机，也要考虑电动机功率和负载的匹配，电动机轴承扭矩和力矩的关系、皮带的牙齿与电动机轴承的咬合程度等问题，比仅仅通过安装调压器即可实现加热丝功率和风速的调节要烦琐很多，故目前没有研究装置实现转速和转动方向可调。

第三，市场上所有的干衣机烘干参数（加热丝功率、风速、加热丝附近空气的最高温度、转速及转动方向）都是固定的、各参数组合形式（烘干程序）都是有限的，且各品牌干衣机差别不大。而且，目前市场上的干衣机也均不具备烘干过程织物温湿度、运动形态、烘干腔体内部各处气流温湿度、气流量、转速、风速、加热丝功率的实时在线监测功能，故无法实现烘干参数的组合选择及烘干过程的可视化，无法进行各指标影响因素的分析。

综上所述，不论目前的研究装置还是市场上的干衣机均很难满足研究需要，因此，本课题提出通过对现有烘干设备的改造，搭建一个烘干过程织物温湿度动态追踪及烘干参数连续可调的试验平台，实现烘干过程各参数的可视化和烘干参数的无极调控的目的，为理解烘干过程中织物传热传质机理和干衣机参数优化提供帮助和指导。

三、烘干过程传热传质规律研究

织物烘干是通过热空气与织物充分接触，将热量传递给织物，并带走湿气的过程，其过程牵涉到纺织材料的导热、流体介质的导热及其对流换热和热辐射和伴随着水汽传输而发生的潜热传递等现象。但是由热力学知识（当多孔材料的温度小于300℃时，辐射换热可以忽略不计。当外界气压低于105Pa、温度低于726.85℃，并且多孔材料的孔隙率小于95%、厚度小于5cm时，多孔材料内部的自然对流也可以忽略）可知，织物烘干本质就是干衣机内的热空气和衣物之间的热质对流交换的过程，而此过程的质量迁移和热量传递与流体的自身状态关系密切，但是目前关于这方面的研究很少。研究主要集中在干衣机参数对水分逃逸速率（烘干曲线）影响的研究或者停留在烘干阶段的分析、依据所测数据给出回归模型方面。而很少涉及从质量、能量及动量角度，利用数学方法构建微观传热传质微分方程，采用相关数学方法求解的微观研究。目前，织物烘干模型研究主要可以分成两类：干燥曲线模型研究、干衣机模型研究。其中干燥曲线模型研究又可以进一步分成分阶段干燥曲线模型和全过程干燥曲线模型，具体内容如下。

（一）分阶段干燥曲线模型

1950年，Preston指出，织物从润湿到干燥的整个过程可以分为恒速干燥和降速干燥两个阶段（constant rate period，falling rate period），并且将织物从恒速干燥阶段过渡到降速干燥阶段时的含水率定义为临界含水率，其数值大小为在100%湿度的空气环境中的织物回潮率，但是其在实际的运用中准确性有限。

1959年，Steele首先确定了织物干燥过程中恒速干燥阶段模型和降速干燥阶段模型。恒速干燥阶段：

$$\frac{\mathrm{d}W}{\mathrm{d}t} = \frac{h_c A \Delta T}{\lambda} = K_a A \Delta P \tag{1-1}$$

$$\Delta T = T_{air} - T_{sl} \qquad \Delta P = P_{vap} - P_{air}$$

式中：W——织物含水率，%；

　　　t——时间，min；

　　　A——织物面积，cm^2；

　　　h_c——导热系数，W/m·K；

　　　λ——烘干温度下的蒸发潜热，J/gm；

　　　T_{air}——干燥温度，℃；

　　　T_{sl}——织物表面温度，℃；

　　　K_a——传质系数，m/s；

　　　P_{vap}——织物表面温度下的饱和水压强，Pa；

　　　P_{air}——空气中水分分压，Pa。

降速干燥阶段：

$$\ln\left(\frac{W}{W_c}\right) = kt \tag{1-2}$$

式中：W——织物含水率，%；

　　　W_c——织物临界含水率，%；

　　　t——时间，min；

　　　k——质传递系数，m/s。

Steele指出，织物恒速干燥阶段的干燥速率与外界环境有关，烘干时间由初始含水率和干燥环境决定。而降速干燥阶段的时间由水分从织物内部转移到外部的难易决定，与织物的类型、结构等因素有关。

此后，较多学者基于此模型做过各类研究和改进。例如，2006年，Perry考虑到织物结构、厚度以及外部热湿传递等因素影响，对恒速干燥阶段模型进行了改进和精确。同时，基于毛细效应的研究，他认为在降速干燥阶段，干燥效率是呈比例或直线关系减少的。有实验也证明此理论与实验结果有较好的一致性。

恒速干燥阶段：

$$N_c = \frac{H_1(d_{sl}V_{air})^{H^2}(T_{air} - T_{vap})}{\rho_{ss}\lambda E} \tag{1-3}$$

式中：N_c——恒定干燥速率，kg/m^2min；

　　　d_{sl}——特征长度尺寸，m；

　　　V_{air}——风速，m/s；

　　　T_{air}——干燥温度，℃；

　　　T_{vap}——干燥空气温度，℃；

　　　ρ_{ss}——织物的相对质量，kg/m^3；

　　　λ——在干燥温度下的蒸发潜热，J/kg；

　　　E——活化能，kJ/mol。

降速干燥阶段：

$$N_D = N_c\frac{(X - X_o)}{(X_c - X_e)} \tag{1-4}$$

式中：N_c——恒定干燥速率，kg/m^2min；

　　　N_D——降速干燥速率，kg/m^2min；

　　　X——织物含水率，%；

　　　X_o——织物初始含水率，%；

　　　X_c——织物临界含水率，%；

　　　X_e——织物平衡含水率，%。

2008年，Ng和Deng采用分阶段模型模拟了衣物在干衣机中干燥过程，分别建立了恒速干燥阶段模型和降速阶段干燥模型，同时指出采用室内空气平衡含水率作为干衣机判停点可以有效减少烘干时间、降低烘干能耗。

恒速干燥模型：

$$N_{CRDP} = \frac{(X_o - X_{cr})W_d}{At_{cr}} = \frac{\overline{h}(T_{in} - T_{wb})}{\lambda} = K_H(H_{wb} - H_{in}) \tag{1-5}$$

式中：N_{CRDP}——降速干燥速率，kg/m^2min；

　　　X_o——初始含水率，%；

　　　X_{cr}——临界含水率，%；

W_d——织物干重，kg；

At_{cr}——热质交换面积，m^2；

$\bar{h}$——平均传热系数，w/m^2k；

λ——蒸发潜热，J；

T_{in}——进气口空气温度，℃；

T_{wb}——温球温度，℃；

K_H——单位面积质传递系数，kg/m^2；

H_{wb}——湿球温度的空气饱和相对湿度，%；

H_{in}——进气口空气湿度，%。

降速干燥模型：

$$N_{FRDP} = N_{CRDP}\left(\frac{X - X_E}{X_{cr} - X_E}\right)^n \tag{1-6}$$

式中：N_{FRDP}——降速阶度干燥速率，kg/m^2min；

X——含水率，%；

X_E——平均含水率，%；

X_{cr}——临界含水率，%。

（二）全过程干燥曲线模型

全过程干燥曲线模型可以分为两类：织物一般干燥曲线模型GDC（Generalized Drying Curve）和一般干燥速率曲线模型NDRC（Normalized Drying Rate Curve）。

1949年，Page提出了一般干燥曲线模型，定义为织物瞬时含水率与初始含水率的比值，公式如下：

$$GDC = \frac{X}{X_0} \tag{1-7}$$

$$GDC = \exp\left(Kt_{Ad}^n\right), \quad t_{Ad} = \frac{N_c t}{X_0} \tag{1-8}$$

式中：N_c——恒定干燥速率，kg/m^2min；

t——为烘干时间，min；

X——织物含水率，%；

X_0——织物初始含水率，%；

K——公式系数。

1987年，Strumillo和Kudra进一步研究了干燥曲线，指出降速干燥阶段物料干燥速率是呈线形递减的。温度、风速、干燥介质的湿度对于恒速干燥阶段和降速干燥阶段的干燥速率都会产生影响。

2000年，Lima等将Page的GDC模型应用于短纤维素纤维的烘箱干燥和空气对流干燥研究，验证了该模型预测结果与实际测量数据结果一致性较好，其实验装置如图1-3所示。

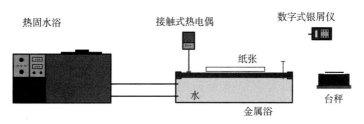

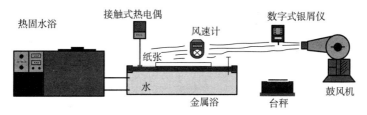

图1-3 Lima研究中的实验装置

2006年，Sousa将GDC模型和NGDC模型应用到悬挂织物对流干燥过程的研究中，并通过实验对其进行了系数修正，从而提出了适合纯棉织物静止悬挂烘干环境下的烘干模型，其计算公式如公式1-9和公式1-10所示，其实验装置如图1-4所示。

$$h_c = \frac{\lambda N_c}{A(T_{air} - T_{sl})} \qquad (1-9)$$

$$N_c = \frac{2h_c(T_{air} - T_{sl})}{M_{ss}\lambda} \qquad (1-10)$$

式中：A——织物面积，m^2；

h_c——导热系数，$kg/℃min^3$；

λ——烘干温度下的蒸发潜热，J/kg；

M_{ss}——水分质量，g；

N_c——恒定干燥速率，kg/m^2min；

T_{air}——烘干气流温度，$℃$；

T_{sl}——织物表面温度，$℃$；

N_c——恒定干燥速率，kg/m^2min。

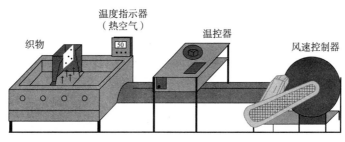

图1-4 Sousa研究中的实验装置

2013年，Akyol将四种常用的干燥动力学模型用于研究热风管纱烘干器干燥过程。结果证明，Page于1949年提出的Stretched Exponential模型能够更好地预测黏胶纱干燥过程。同时证明了干燥筒尺寸、干燥温度、干燥压力、气流容积流率会影响整个干燥过程。随着压力、温度以及流速的增加，烘干时间会大大缩短；在低温、低压、中高流速干燥条件下，能耗最低。此外，2015年，Akyol还研究了热风管纱烘干器中羊毛烘干的干燥模型，他对比分析了六种常用干燥动力学模型与神经网络模型对于毛纱管纱器烘干过程的拟合性，并将预测结果与实验结果进行了对比。结果证明Verma模型与Sharaf等的两项模型的拟合度最好。并通过实验得到了两个模型在不同干燥条件下的修正系数，其实验装置如图1-5所示。

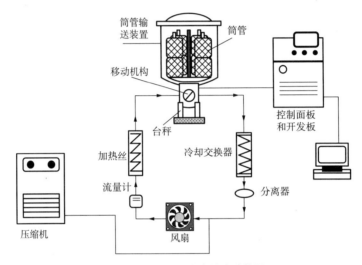

图1-5　Akyol研究中的实验装置

通过文献回顾发现，干燥曲线模型主要都是一些半经验或经验模型。然而半经验或经验模型忽略了材料本身的尺寸结构以及传导性能，并且方程是根据实验数据推导出来的，与特定实验的实验材料、温度、相对湿度、风速以及含水量有关，因此具有一定的局限性，只能简单的分析烘干机理。为了深入分析滚筒干衣机内织物烘干热湿传递的内在规律，有必要建立表述其过程的微观理论模型。

（三）干衣机模型

干衣机模型是对于干衣机内部整体工作流程的建模，主要是为了提高干衣机的能效，优化烘干流程。

2000年，Deans通过对干衣机内烘干气流的热焓变化规律的研究，并在织物、织物内部水分和筒壁等温且均匀假设条件下，建立了整个干燥过程中进风口空气和出风口空气的质量、能量守恒方程。同时他还指出烘干负载的孔径率会影响干衣机的烘干效率，其实验装置如图1-6所示。

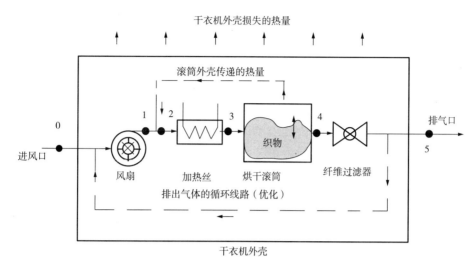

图1-6　Deans研究中的实验装置

2008年，V.Yadav等人对直排式滚筒干衣机内气流流动过程的传热传质进行了建模和实验研究，其实验装置如图1-7所示。根据直排式干衣机的工作原理及气流的流通路径，他们将直排式干衣机的整个烘干过程划分成4个连续阶段：

（1）气流从外界通过风机进入到干衣箱体机内部。

（2）气流通过筒外壁到达加热丝附近。

（3）气流被加热丝加热进入滚筒到达织物。

（4）进入滚筒内的气流通过与织物进行热湿交换，然后流出滚筒。

在此基础上，他们分阶段分析了气流在整个流通过程中热焓值及含水量的变化。并研究了进风空气相对湿度、织物绝对干重量、织物厚度等因素对干衣机能耗指标SMER（Specific Moisture-Extraction Rate，单位能耗除湿量）的影响，但并未具体涉及烘干过程中织物内部的传热传质。

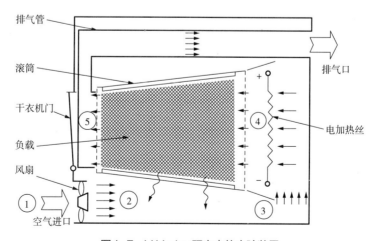

图1-7　V.Yadav研究中的实验装置

综上所述，目前的衣物烘干模型均是通过对大量试验数据的统计分析以及对滚筒烘干过程的理论分析得到的，上述模型可以揭示织物的干燥速率（脱湿量）与各支配因素之间的关系，但无法建立各变量间的关系式对滚筒烘干的热质传递过程进行描述和预测。而滚筒烘干过程传热传质模型又对滚筒干衣机的设计、优化及操作至关重要。

四、干衣机性能评价

干衣机作为商业产品，在干衣机出厂检测时，衣物烘干后的最终含水率、干燥均匀度、干衣机用电量等指标必须达到标准规定的最低限定值（表1-2），方可推向市场。因此，为了验证所提出烘干模式的合理性和实用性，有必要对提出的优化烘干模式进行相关指标的评价。

表1-2　热电直排式干衣机性能指标

产品种类	检测项目	A级	B级	C级	D级
热电直排式滚筒干衣机	耗电量（kW·h/kg）	≤ 0.59	≤ 0.67	≤ 0.75	≤ 0.83
	干燥均匀度（%）	≥ 97.0	≥ 96.7	≥ 96.4	≥ 96.1
	噪声 dB（A）	≤ 58	≤ 61	≤ 65	≤ 69

注　目前市场上的干衣机共分为 A、B、C、D 四个等级，其中，A 级最优，若 4 项全部达到 A 级，则为 4A 产品。

正如家用和类似用途滚筒式洗衣干衣机技术要求的标准规定，只给出了直排式干衣机最终含水率应不大于3%；耗电量限定值应不大于0.89kW·h/kg、干燥均匀度应不小于96.1%，噪声值应不大于69dB（A）。显然，这些指标均属于干衣机自身指标（烘干能耗、烘干时间、最终含水率、烘干均匀性、噪音），而没有包括干衣机服务对象——织物的性能变化评价指标。

而织物在滚筒干衣机内烘干，又会受到高温高湿气流及复杂机械力的反复作用，难免会对织物外观及内在性能造成一定影响。L.Higgins 通过对平针纬编纯棉针织物烘干研究发现，烘干条件会显著影响织物烘后性能，尤其是起皱、尺寸变化、质量、织物紧度。而且，此研究还指出，织物的尺寸收缩会随含水率的降低而增加，且长度方向收缩大于宽度方向收缩。1983年，猪子忠德等人，探究了三种纬纯棉织物（纬平针织物、罗纹织物、双罗纹织物）经过相同的洗涤方式、不同的烘干方式（绢网干燥和滚筒干燥）处理后的尺寸变化。研究发现，滚筒干燥使织物收缩，而绢网干燥则使织物伸长，而且滚筒干燥的织物尺寸变化明显大于绢网干燥的织物尺寸变化；不同组织结构的针织物，经过相同的处理其尺寸变化也不同，比如罗纹组织在滚筒干燥时，纬向容易伸长，而纬平针织物和双罗纹织物却发生纬向收缩。1987年，桃厚子等人研究了穿着、洗涤以及滚筒干燥对棉平针织物的外观性能及力学性能的影响，测定试验后织物的收缩率、厚度、破裂强度、伸长度、伸长回复率和柔软度等指标。结果发现转笼烘干，尺寸收缩最大，尺寸收缩主要发生在织物经向。随着烘干次数的增加，织物的柔软度会有上升趋势。2000年Y.L.Buisson等人研究了干衣机不同烘干条件对棉织物力学性能、热学性能及微观形貌的影响，结果发现，随着烘干温度的增加，棉织物各项性能下降；过烘不仅延长了烘干时间，浪费了能源，而且也是导致棉织物损伤的主要原因；并指出通过提前停止加热或缩短温度升至设定温度值所需的时间来减少热损伤的方案。2003年，L.Higgins等人对比单面罗纹织物、双面罗纹织物和提花织物经过悬挂晾干、滚筒内旋转烘干和滚筒内平铺烘干处理后的尺寸稳定性变化，发现滚筒内旋转烘干均能使三种织物内部应力完全消失，收缩率达到最大；滚筒运动状态会显著影响织物尺寸稳定性。2014年，李兆君等人研究了烘干负载、温度、时间和滚筒转动频率等烘干参数对纯棉、棉涤、涤棉衬衫外观性能的影响，结果发现在负载和滚筒转动频率一定的情况下，织物的最终含水率与烘干温度和烘干时间成负相关；而烘干时间与负载成正相关，且负载较大时，出现烘干不均匀现象；滚筒转动对改善三种棉型衬衫尺寸稳定性均有积极影响，且随着烘干温度的增加，织物尺寸收缩增加；对棉涤和涤棉衬衫而言，滚筒烘干对其尺寸稳定性影响较小；烘干温度和最终含水率是影响棉涤和涤棉衬衫平整度最显著的因素，且随着烘干温度的提高和最终含水率的降低，织物平整度呈下降趋势。胡维维等人研究了加热丝功率对棉织物平整度及抗弯曲刚度的影响，结果发现，加热丝功率显著影响烘后织物的外观平整度及抗弯曲刚度，这暗示着通过合理设置烘干参数来改善烘后织物性能是可行的。Brown等人通过对腈纶针织物经家庭滚筒烘干后的性能变化的研究，发现相比在静止悬挂晾干，经过滚筒烘干处理的试样，其悬垂性提高且手感更为柔软，其经向收缩率变大，纬向变得更容易拉伸而尺寸增加。而且，此研究仅局限于分析织物的尺寸变化和柔软性，并未对织物各方面性能的变化做系统分析。

此外，随着消费者环保意识的提高，低碳消费、低碳生活逐渐成为一种消费趋势。而干衣机因其耗能较高又属于碳排放量较高的家电产品，故其碳排量逐渐成为消费者关注的重点。同时，有关调查资料显示，干衣机因其整个生命周期的使用成本是其购买价格的5倍左右，故其使用成本也是消费者在购买干衣机时考虑的一个重要因素。这暗示着将干衣机的CO_2 eq.（CO_2 eqivalents）和使用成本作为其性能评价指标是十分必要的，但是目前所有研究均未提及这两项指标。

综上所述，虽然干衣机性能评价标准已明确规定了烘干设备的烘干效率各指标（烘干时间、能耗、最终含水率）的各等级水平值及最低值，很多学者也进行了织物烘后性能（尺寸稳定性、平整度、弯曲刚度、手感）的相关研究，但是没有一个涵盖上述所有指标全面评价烘干程序好坏的标准，也没有学者对其进行过研究。织物烘干是织物在干衣机内受各种因素影响的结果，不应该单独考虑任何一方而忽视另一方。此外，目前的评价指标也仅涉及织物外观性指标［尺寸稳定性、平整度、起毛起球、弯曲变形、手感（柔软度）］，而未涉及织物的热学稳定性、化学成分、分子结构、微观形貌变化等指标，更未提及环境经济指标（CO_2eq. 和使用成本）。因此，本课题提出对所得到的优化模式不仅要进行烘干效率（烘干时间、能耗、最终含水率、烘干均匀性）的评价，也要进行烘后织物各项性能［尺寸稳定性、平整度、起毛起球、弯曲变形、手感（柔软度）、热学稳定性、化学成分、分子结构、微观形貌变化等指标］的评价，同时也要进行环境经济影响评价（CO_2eq. 和使用成本），以期从一个更全面的角度，证明优化模式的可行性，并详细探讨了不同烘干模式对织物性能的影响规律及其作用机制。

第三节　研究内容与研究方法

一、研究内容

基于缺乏从传热传质角度揭示织物烘干机制及充分利用烘干过程时变性、阶段性特征进行烘干模式优化的研究不足和当前干衣机设备不具备烘干过程织物温湿度实时测量和烘干参数连续可调的局限，本课题首先自行搭建一个烘干过程温湿度动态追踪及烘干参数连续可调的织物烘干综合测控平台，并以此为载体，进行织物烘干动力学影响、烘干过程织物温湿度、织物运行形态、传热传质及织物烘干后其性能变化的研究，具体研究内容如下。

（一）织物烘干综合测控平台的搭建

通过对现有的热电直排式干衣机设备（海尔-GDZ10-977）的主要组成构件、工作原理的分析，并结合本课题烘干理论研究需求，确定干衣机烘干平台功能要求，然后对其进行改造，搭建烘干过程温湿度动态追踪及烘干参数连续可调专用于织物烘干的试验平台。为今后干衣机硬件系统的设计、改造、干衣机各构件运行情况检测及精准定位耗能单元提供理论依据和技术指导。

（二）织物滚筒烘干动力学分析及其优化

首先，基于织物在干衣机内烘干的运动情况的分析，给出织物在干衣机内的4种运动模式（滑移、坠落、旋转、静止）、12个表征织物运动的指标（时间因子、垂直运动因子、运动距离因子、织物与烘干气流的交互面积、织物外轮廓、织物与滚筒的速度差、织物滑动次数、织物坠落次数、织物旋转次数、织物悬垂位置、织物重心变化角度、填充比），以便用于后续烘干动力学影响机制分析。

其次，通过查阅文献资料，明确影响织物滚筒烘干动力学的主要因素，并确定干衣机特性（加热丝功率、风速、滚筒转速及旋转方向）、织物特性（织物单位面积质量、初始含水率、负载量、样块大小）为主要试验变量。

再次，选取市场上常见的几种常用规格纯棉面料进行滚筒烘干程序，分析滚筒烘干过程中各织物烘干特性曲线，并由此选择对烘干参数敏感且试验结果稳定的面料作为烘干动力学规律研究阶段的样品。

最后，进行上述各因素的单因素试验，研究各因素对于纯棉织物烘干动力学的影响规律，并从烘干过程中的织物温湿度、运动形态、抛撒程度等角度详细探讨各因素对烘干时间、能耗、最终含水率、烘干均匀性、平整度等评价织物滚筒烘干动力学的指标的影响程度及作用机制。以期为后续干衣机参数设定及织物烘干模式优化各阶段参数设定提供依据。

（三）织物烘干过程传热传质模型的构建

通过对织物烘干过程各阶段传热传质特性的分析，明确各阶段传热传质特征，并结合质量、能量、动量守恒的热力学理论，提出适用于干衣机环境的织物烘干传热传质模型（包括传导项、蒸发项、对流项及其耦合作用项的模型），并借助有限差分（FDE）算法对织物烘干传热传质偏微分方程进行差分，得到其差分格式，并采用 Matlab 编程对其进行数值求解，然后以纯棉织物作为试验样品，完成模型验证。

（四）全面评价优化烘干模式

通过对现有单一固定烘干模式（常用程序）烘干过程中的温湿度变化及织物运动形态的分析，并与前面的织物滚筒烘干动力学试验研究及烘干过程传热传质理论分析结果相结合，充分利用织物烘干过程时变性及阶段性变化特征，提出正反交替旋转分阶段变参数的优化烘干模式；并以市场占有率较大的纯棉、纯毛织物作为试验材料，从烘干效率、环境经济影响（$CO_2 eq.$、使用成本）及织物烘后性能变化的角度，对其进行了综合评价。

二、研究方法

为解决目前烘干理论研究忽略从热质传输的角度去分析烘干过程、烘干机制的问题，及现有干衣机耗能耗时、织物烘后外观性能差等问题，本课题在充分调研、查阅织物内水分逃逸特性、干衣机烘干技术及理论等相关参考文献的基础上，针对常用织物的烘干特性，进行大量的实验研究，探求织物烘干的规律，并对织物烘干过程进行理论分析，对烘后织物外观性能、力学性能、微观性能进行了评价。本课题体现多学科交叉的特点，涉及多孔材料热质传递理论、计算机数值模拟、信号采集与传输、机械制造、数理统计等知识和方法。

（一）过程分析方法

通过对现有干衣机工作过程及烘后织物性能变化的剖析，明确干衣机的结构组成、烘干原理、影响烘干过程水分迁移速率的可能因素、烘干可能导致发生变化的织物性能。并结合文献记录及干衣机技术人员的建议，从中筛选出主要研究因素及其研究范围。

（二）实验方法

进行了干衣机特性（加热丝功率、风速、滚筒转速及旋转方向）、织物特性（织物厚度、样块大小、初始含水率、负载量）的动力学影响试验，明确各因素对其影响程度，为后续正反交替旋转分阶段变参数优化烘干模式的参数设定提供依据。同时也进行了不同烘干模式下的织物烘干效率和烘后性能评价试验，以期掌握织物烘干性能变化机制。

（三）计算机模拟方法

构建干衣机背景下的表达织物烘干过程传热传质规律的能量、质量、动量偏微分方程，并采用有限差分法将微分方程进行离散，给出其差分形式，利用Matlab软件中的牛顿迭代法对其进行数值求解。并用烘干试验数据验证了此模型的有效性。

综上所述，本课题的具体研究内容与方法如图1-8所示。

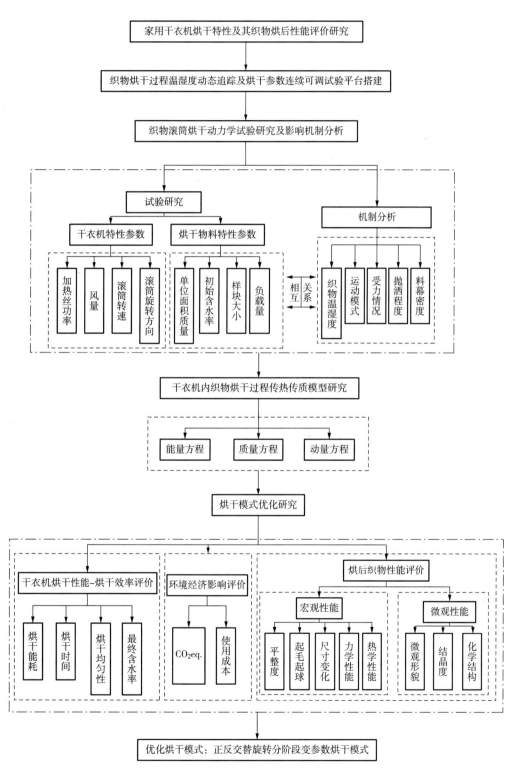

图1-8 研究内容与方法

第四节　研究目标与创新点

一、研究目标

通过本课题研究，可实现如下研究目标：

（1）通过对现有干衣机设备的改造，搭建一个在织物烘干过程中织物温湿度动态追踪及烘干参数可调的试验平台，实现烘干过程烘干气流温湿度和织物温湿度实时追踪及烘干参数连续可调的目的，为烘干过程控制、烘干机理研究提供技术支持。

（2）通过对织物滚筒烘干动力学的研究，明确加热丝功率、风速、滚筒转速及旋转方向、单位面积质量、样块大小、初始含水率、负载量对织物滚筒烘干动力学各指标的影响程度，并从织物温湿度、运动形态探讨了各因素的作用机制，为后续各阶段参数设定提供依据及干衣机烘干程序优化提供参考。

（3）通过对织物烘干过程传热传质模型的研究，实现干衣机背景下的织物烘干传热传质规律的微观表述，丰富现有织物滚筒烘干理论，并为后续干衣机设计改进提供理论依据，为烘干过程优化提供技术指导。

（4）通过对不同烘干模式下织物烘后性能的研究，明确烘干模式与干衣机烘干效率、织物烘后性能及干衣机环境经济影响的关系，确定充分利用织物烘干过程温湿度、运动形态变化特征的分阶段变参数烘干模式为最优的烘干模式，为后续干衣机性能优化、结构改造提供参考。

二、创新点

本课题在家用干衣机织物滚筒烘干领域具有如下创新点：

（1）首次提出搭建一个在织物烘干过程中织物温湿度动态追踪及烘干参数可调的试验平台，实现烘干过程烘干气流温湿度和织物温湿度实时追踪及烘干参数连续可调的突破，可为烘干过程控制、烘干机理研究提供技术支持。

（2）首次提出从传热传质的角度，描述织物烘干过程，并给出在干衣机背景下，同时考虑质量、动量、能量守恒的织物烘干过程传热传质模型，丰富了织物烘干理论，并为后续干衣机设计改进提供理论依据，为烘干过程优化提供技术指导。

（3）首次提出从综合考虑烘干效率、环境经济影响及烘后织物性能的角度，进行干衣机烘干性能评价，可为干衣机性能评价体系构建和干衣机行业发展规范提供参考。

第二章

织物烘干综合测控平台搭建及功能验证研究

自1930年由美国J.R.穆尔研制的第一台干衣机诞生至今，经过将近九十年的发展，织物烘干设备和烘干技术均取得了很大的发展，但是目前市场上的干衣机均不能实现烘干过程织物温湿度及各处烘干气流温湿度实时动态追踪、烘干参数连续可调、烘干各构件工况（能耗、时间）监测。而织物烘干过程又是一个温湿度不断变化，具有明显的阶段性、时变性特征的过程。因此，本章在详细分析现有干衣机主要组成、工作原理的基础上，搭建一个专门用于织物烘干过程中织物温湿度动态追踪及烘干参数连续可调的监控平台，重点解决织物烘干过程中织物温湿度、烘干腔内各处气流温湿度、滚筒进出口空气温湿度的实时追踪及加热丝功率、滚筒转速及风速的自动调控等问题，分析织物烘干过程、烘干传热传质机制，并通过烘干过程优化，最大限度地挖掘干衣机节能潜力。

第一节　织物烘干综合测控平台的功能要求

正如前面所述，织物烘干过程是一个织物温湿度、烘干气流温湿度实时变化且具有阶段性、时变性特征的过程。而且，不同烘干阶段，织物的含水率不同、所需要去除的水分种类不同、去除量也不同，即织物烘干过程不同阶段所需要能量不同，需要运行的参数也应该不同。因此，应充分利用各烘干阶段特点，进行干衣机烘干程序优化，才能最大限度地发挥节能潜力，降低衣物损伤。然而，目前的干衣机均采用单一固定烘干参数，没有考虑烘干过程阶段性及时变性的特征，造成了烘干工艺参数与烘干过程特性的不匹配，影响了烘干效率的提高和能耗的降低，进而限制了织物烘干节能潜力的进一步挖掘。而且，现有干衣机也不具有烘干过程织物温度、织物重量、烘干气流温湿度实时追踪的功能，从而不能实现烘干过程的分析，更不能进行织物烘干传热传质理论的深入研究。同时，织物在烘干过程中的实时脱水情况是烘干过程中传质最直接的表征，基于对烘干过程的织物重量进行自动称量及含水率分析，对于织物烘干热质传递分析具有重要作用。如果采用人工取样称重，然后计算含水率的方法获取相关数据，劳动强度大、称量间隔长、实时性差。因此，迫切需要设计一个能实现烘干参数连续可调、烘干过程织物温湿度及烘干气流温湿度动态追踪的烘干平台。

除了上述问题外，目前市面上出现的干衣机均是固定转速（45~50r/min），各品牌干衣机的转速差别不大。殊不知，转速会显著影响织物在干衣机内的运动模式，而织物运动模式直接影响织物与烘干气流的交换面积、交换时间，进而影响烘干效率。因此，通过搭建一个转速及转动方向可调的烘干平台进行转速对烘干效率的研究显得尤为重要。另外，目前，干衣机常采用在滚筒内某位置安装定时器、温度传感器、湿度传感器的方式间接测试织物的烘干程度，很容易造成织物烘不干或者过烘。因此，迫切需要一个能真实反映织物烘干状态的判停方式。

此外，目前关于织物烘干的研究方法主要采用的是针对单一织物进行大批量试验的方法，较少地从织物烘干过程传热传质的角度出发，进行织物烘干的研究。这不仅浪费人力物力而且其结论具有通用性差、随机误差较大的问题，很难推广到其他织物上（产生这些问题的根本原因是不了解织物烘干过程热质变化情况及织物内部结构变化规律）。而织物烘干是一个典型的由强迫对流导致的热质传递过程，烘干模式优化实质就是充分利用烘干过程传热传质规律提高烘干效率。因此，设计一个能实现烘干过程中织物温湿度、烘干气流温湿度及烘干参数自动调控的织物烘干综合测控平台显得尤为重要，因为其为准确科学地研究织物烘干过程的热质传递规律，充分掌握织物烘干过程的变化特征，有针对性地进行织物烘干优化，实现更高效能的烘干衣物，也可为织物烘干过程的分析、烘干传递机理的揭示及烘后织物性能变化机制的解释提供依据。

综上所述，本烘干平台应具备如下功能：

（1）能追踪实际烘干过程中织物温湿度及烘干通道内各处烘干气流温湿度，为烘干特性的探索、烘干过程的热质传递分析、烘干程序准确判停、烘干程序优化和烘干机理研究提供平台支持。

（2）能够实时监控系统各个构件的耗能，以便分析烘干过程中各构件的耗能情况及整个烘干系统的能耗分布规律，可为烘干设备优化及改造提供参考。

（3）可以根据烘干所处阶段调节加热丝功率、风速、滚筒转速及方向、最高温度等参数（分阶段变参数烘干模式），以便掌握烘干参数与烘干效率、烘干后织物性能的关系，进而实现干衣机烘干程序优化。

（4）系统人机交互性好，可实现各数据的实时显示、记录及数据存储。

（5）模块化设计，功能拓展、维护、升级方便。

（6）能对异常情况和故障进行报警和处理。

总之，此平台在实现烘干参数根据织物烘干所处阶段自动调整烘干参数的同时，也具有在烘干过程中对织物温湿度、烘干系统各处烘干气流温湿度、环境温湿度、烘干效率（能耗、时间）在线监测、显示、存储数据的功能。希望通过运用该烘干平台，实现对织物烘干传热传质过程的分析，掌握织物烘干的特性及变化规律，实现有针对性地烘干过程优化，进而达到高效、节能、不损伤衣物的目的，推动织物烘干技术进步，促进干衣机产品升级。

第二节　织物烘干综合测控平台结构组成及工作原理

一、平台总体结构组成

本烘干平台主要由参数调控系统、过程追踪系统、直线运动及静止悬挂系统、人机交互监控界面及数据存储系统组成。其中，参数调控系统是由给烘干气流提供热源的加热丝、驱使烘干气流流动的风机、滚筒及驱动滚筒转动的电动机、实现参数可调的调压器等组成。过程追踪系统是由各种温湿度传感器、电能表、时钟、通讯端口等组成。直线运动及静止悬挂系统是由支撑织物的不锈钢三脚架、驱动织物直线运动的步进电动机及称量织物重量的压力传感器等组成。人机交互监控界面及数据存储系统是由电脑、STM32开发板等组成。通过上述各系统的协调配合，可以实现烘干过程织物温湿度及烘干气流温湿度、烘干能耗、时间等参数的实时追踪及烘干参数的阶段性调控。图2-1为织物烘干综合测控平台总体设计框图。为了进一步说明本平台的内部结构，图2-2详细给出了此平台的内部结构示意图。

二、参数调控系统

由干衣机的工作原理可知，影响干衣机烘干的四个重要因素就是加热丝功率、风速、转速、最高温度。各部件连接原理如图2-1织物烘干综合测控平台总体设计框图所示。

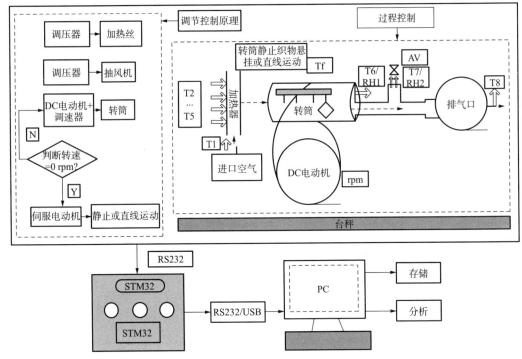

图2-1 织物烘干综合测控平台总体设计框图

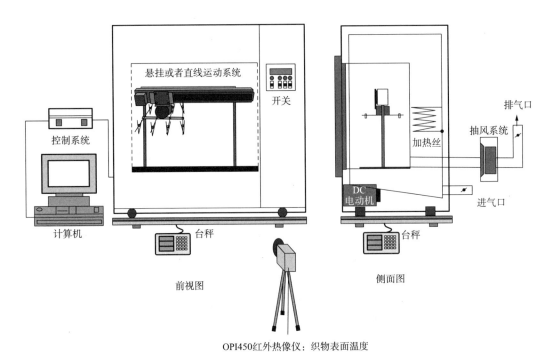

图2-2 织物烘干综合测控平台结构示意图

（一）加热丝功率调控

加热丝功率调控是通过外接一个调压器，实现干衣机的加热丝功率的无极调控。其工作原理是采用大功率可控硅斩波控制，利用脉宽调制技术将交流电压波形分割成脉冲列，改变脉冲的占空比即可调节输出电压大小。斩波控制输出电压大小可连续调节，谐波含量小，基本上克服了相位及通断控制的缺点。加热丝供电电压不同，加热功率不同，进而实现加热丝功率调控。

（二）风机调控

风机调控是通过将原有驱动风叶轮转动的电动机拆除，致使原有风道失效。采用在排风口外接抽风机，并与调压器相连，实现风速可调。

（三）转筒旋转速度及方向调控

转筒旋转速度及方向调控是通过将原有驱动干衣机滚筒转动的交流电动机（AC电动机）拆除，采用直流电动机（DC电动机）驱动干衣机滚筒，并采用现成的带通信接口和旋钮的调速器，进而实现转速及转动方向的调控。同时，借助高速摄像机，使干衣机内织物运动轨迹可视化，详细研究了影响织物运动轨迹的主要因素及织物运动与烘干效率之间的关系。

（四）最高温度调控

最高温度调控是通过采用积分分离式数字PID温度控制算法实现的。即根据烘干样品的纤维成分及加热丝的正常工作极限，给干衣机的进口空气设定一个阈值 $\varepsilon(t)$。并将干衣机附近空气温度的传感器的反馈温度 $e(t)$ 与设定温度 $\varepsilon(t)$ 比较。并当 $e(t) > \varepsilon(t)$ 时，采用PD（Proportion Differentiation）控制，关闭加热丝，促使烘干气流温度迅速下降；当 $e(t) < \varepsilon(t)$ 时，采用PID控制，启动加热丝，促使烘干气流温度迅速升高。循环往复，保证干衣机进气口的最高温度保持在设定温度附近（ ±1℃）。

（五）参数调控系统的工作流程

如图2-3所示，参数调控系统运行流程，主要包括如下两步：第一步，根据试验设计在控制软件上设置加热丝功率、最高温度、各阶段分界点、转速、风速。第二步，将加热丝功率、滚筒转速、风速、最高温度及各阶段分界点的采集单元测得的加热丝功率、滚筒转速、风速、最高温度及排气口湿度的实际值与预先设定的设定值相比较，若实际检测值不等于设定值时，控制软件自动打开相应的调控设备对其相关器件进行调控，直至达到设定值。通过上位机调整与加热丝、带动滚筒转动的电动机、风机相连的数字式调压器的电压，从而实现加热丝功率、滚筒转速、风速的连续调控，直至达到设定值为止，按其设定值运行。

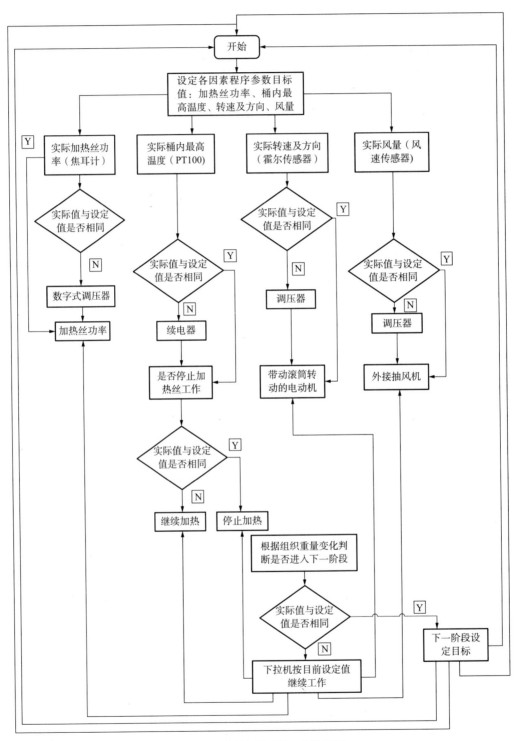

图2-3 参数调控系统工作流程图

三、动态追踪系统

为了实现对干衣机内织物温湿度、烘干通道内各处气流的温湿度及气流流速等参数的实时追踪，本文提出通过采用在相应位置布置温湿度传感器、风速传感器的方式，进行各参数的实时测量、存储，并将测得数据通过PCB板传输到PC机，进而实现整个平台的反馈控制。其主要组成构件为超低功耗ARM Cortex TM-M3内核的嵌入式微控的制器STM32F103VCT6、PC上位机及各种传感器〔温湿度传感器、PT100、风速传感器、霍尔传感器（转速）、拉力传感器〕、电子台秤及红外摄像仪，各器件之间的具体连接方式和协调工作形态如图2-4所示。

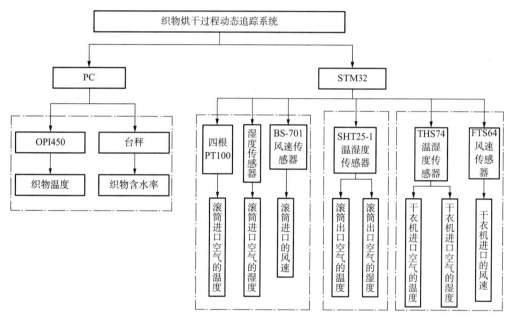

图2-4　动态追踪系统总体结构框图

（一）系统电路设计

如图2-4所示，哈佛结构ARM Cortex TM-M3内核的嵌入式微控的制器STM32F103VCT6，同时连接上位机PC和下位机各种传感器，因此其既负责将上位机PC发过来的信号进行解析，解析完毕后，通过485接口传给各路传感器的功能，同时也承担着将各路传感器测试数据通过RS232发送给上位机PC的功能。但是STM32微处理器不能独立工作，必须提供外围相关电路，构成STM32最小系统才能工作。本系统的外围电路主要包括连接各路传感器的电路、控制器自运行电路及实现上下位机的通讯电路，详细介绍如下：

为了给外接各种传感器、RS232接口芯片、74LVC4245提供5V电源，必须使用降压器将24V输入电压降为5V。显然，这样会有19V的压差，如果使用线性电源进行降压，过大的压差会使电源功耗增大从而影响电源稳定性。而具有集成电路型号为LM2576T-5.0的降压开关，内含固定频率振荡器（52kHz）和基准稳压器（1.23V），而且具有完善的保护电路，包括电流限制及热关断电路等，因而本系统使用LM2576T-5.0这种开关电源进行降压，其电路图如图2-5所示。

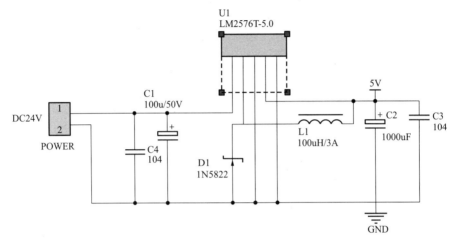

图2-5　开关电路图

主控器STM32的工作电压是3.3V，所以还要制作一套3.3V的电源，这里使用了LM1117T-3.3V。这是一块很常用的3.3~5V的电源芯片，其电路图如2-6所示。

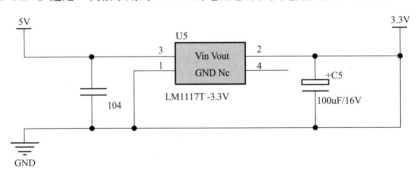

图2-6　开发板（主控制器）电路图

为了实现STM32和PC进行通讯，除了要编写STM32的串口驱动和应用程序以外，还要和PC的串口信号的电平兼容，PC的串口数据信号是正负12V，所以必须将STM32的串口数据信号通过MAX232接口芯片转换到PC兼容的电平才可以实现正常通讯。MAX232芯片是美信（MAXIM）公司专为RS-232标准串口设计的单电源电平转换芯片，使用+5V单电源供电。片载电荷泵具有升压、电压极性反转能力，能够产生+10V和-10V电压，这块芯片有2个RS232控制器，这里只用到一个，其电路图如图2-7所示。

此外，本系统通信协议均采用施耐德的MODBUS-RTU协议，系统程序均采用C#编写而成。

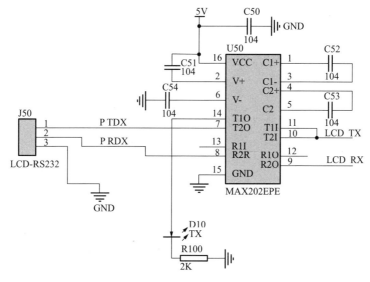

图2-7 通讯部分电路图

（二）干衣机进气口的空气温湿度

借助布置在干衣机进风道内的SHT25-1系列温湿度传感器和BS-701风速传感器来测试干衣机进风口的空气温湿度，以便计算干衣机滚筒入口热空气对流换热系数，此系数是构建织物烘干传热传质模型的一个重要参数。

（三）滚筒进口的空气温湿度

借助安装在加热丝中心圆孔上的温度传感器（PT100），湿度假定为0（外界空气本身的含水量较低，再经过加热丝的加热，其湿度进一步降低，因而湿度可近似为0），风速由干衣机排气管出口处的风速推算获得。

（四）滚筒出口的空气温湿度

借助安装在滚筒出口过滤纤维屑的纤维槽附近的THS74温湿度传感器和纤维槽附近排风管道内的FTS64风速传感器，实现出口空气温湿度及流速的准确监控。此模块与干衣机滚筒进口空气温湿度及流速信号采集模块结合组成此平台织物烘干程度双重自判定的辅助温差控制方式的依据，并与织物温度动态追踪值相结合，实现无损伤烘干或者预测织物最终烘干温度。同时，此模块所得数据是模拟织物与热空气，热质耦合规律的边界条件，是求解织物烘干传热传质模型的必备条件。

（五）排气口空气温湿度及流量

借助布置在干衣机排气口附近的THS74温湿度传感器及FTS64风速传感器来测控排气

口热湿空气的温湿度及流速。此模块有两大应用：可作为风量控制的依据，保证织物与空气既充分接触又及时排除，节能节时；也可用作负载种类及重量与排气管出口空气温湿度值之间关系的理论研究，进而为烘干预测提供参考。同时，在借助弯管效应、温度效应、入口效应等流体力学理论下，可用于干衣机滚筒出口风速计算及计算公式推导，而风速又是干衣机内织物与空气热质交互模型的一个重要参数，因而此处数据的获取与模型构建有间接关系。

（六）织物表面温度

为了实现织物温度的实时追踪，在由内外两层板材构成的干衣机机门上，开一定规格的圆孔，其中内层板材开成一个80mm的圆孔，外层板材开成一个82mm的圆孔（注意，内外孔圆心是在同时垂直于内外平面的同一直线上，只是半径不同而已，具体如图2-8所示）；然后利用自行设计的一个具有台阶的圆柱孔（圆柱高10mm，做成一个外面圆直径82mm、厚度3mm，中间台阶圆直径78mm、厚度1mm，里面圆直径80mm、厚度6mm），再将直径80mm、厚度3mm的透红外玻璃加装此自制台阶型圆柱孔；最后再将此加装有透红外玻璃的台阶型圆柱整体镶嵌在干衣机机门外板材开孔处，并用硅胶封死，以免内部热湿气体溢出或者热量传输到外界；同时开孔位于干衣机机门与滚筒垂直交接面上的偏离中心位置左下方45°夹角线且距离200mm处（织物在这个位置出现的概率最大）。并采用欧普士OPI450红外热像仪实时动态追踪衣物温度，这种方式可以做到真实记录每一时刻织物表面的温度，实现织物温度动态追踪，而且通过选择扫描区域的最小值可准确给出织物温度，也可以设定最大值动态监测所扫描区域滚筒壁在烘干过程中的温度变化规律。

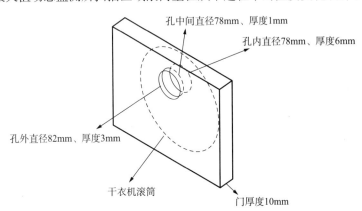

图2-8　织物表面温度测试部分结构图

（七）织物的湿度

借助放置于干衣机下方带有232通讯功能的电子台秤，实现对干衣机及织物总体重量的实时称量，根据其整体重量的变化，间接推算出织物内部含水率的变化，实现对干衣机内织物湿度的实时测量。

（八）加热丝功率

借助加热丝上连接的焦耳计，实现加热丝功率的实时测量。

（九）滚筒转速

借助由前期固定在干衣机滚筒外壁上的磁条和霍尔传感器构成的测试单元，实现转速的实时测量。

（十）烘干能耗

借助型号为DDS238-1 ZN电能表和型号为CLM221能耗仪，实现能耗的实时测量。

四、双重判停系统

为了实现根据衣物烘干程度精准地终止烘干程序，本课题提出用排气口湿度辅助织物含水率变化的双重判停的方法。具体实现手段为：通过在排气口安装一个温湿度传感器实时监测排气口湿度，并在干衣机滚筒下方放置一个高精度带有232通讯且能实时记录织物重量的台秤，实现相应参数的采集，并利用UIP通讯协议传输信号，再利用MCU控制，并利用相应算法，实现干衣机烘干程序双重自判定结束控制。具体来说，干衣机织物烘干程序双重动态反馈控制采用如下两种算法完成对织物烘干状况进行自动判定的反馈调控，即通过织物含水率实时监控方式（ $X = \dfrac{1+a}{1+b}$ ）和辅助温差控制方式（ $\Delta T = T_1 - T_2$ ），详细的测控算法流程图如图2-9所示。

织物含水率实时监控方式为：通过称量整体重量，来间接推算出织物内部含水率的变化，再根据织物含水率来判定织物所处的烘干阶段或者是否烘干，而结束烘干程序的控制方式。具体实现手段为：通过将四支高精度传感器（量程30kg，精度为3g）串联并固定到一个台面为80cm×80cm的金属底架的四个角；并通过一个四进一出的接线盒，将四个传感器的信号整合成一个信号；再通过一个显示仪表来显示系统质量，并以232形式传输到PC机上，制成一个精度为5g，台面为80cm×80cm的可与PC机通信传输也可与下位机反馈控制的电子台秤来实现织物含水率的实时测控。此模块具体实施方式如下：将具有一定负载的干衣机整体放在此自行制作的电子台秤上，实现织物含水率实时采集；再根据烘干实际情况，设定各烘干阶段的分界点或者终点的系数 X ，计算公式 $X = \dfrac{1+a}{1+b}$ ，其中 a 为目标含水率， b 为初始含水率，进而达到烘干阶段精确划分、织物含水率实时测控的目的。此模块有两大应用：一方面可以依据织物含水率的变化准确界定织物所处的烘干阶段，另一方面，可以根据不同的烘干目的，自由选择结束时织物的终点含水率（烘干至熨烫后的含水率6%~12%，烘干至可穿着的含水率3%左右）。此外，这种方法克服了目前湿度传感器易受温度漂移、纤维碎屑的影响，或者成对电极会受织物接触偶然性的影响，以及外界环境和人为的影响（在烘干过程中定时取出衣物测其重量的方式，织物会与外界环境、人手交互），同时，也可达到整个烘干过程织物含水率实时监控，用户可以根据自己需要随时停止烘干程序，也可根据自己的烘干要求，设定烘干结束的织物最终含水率。

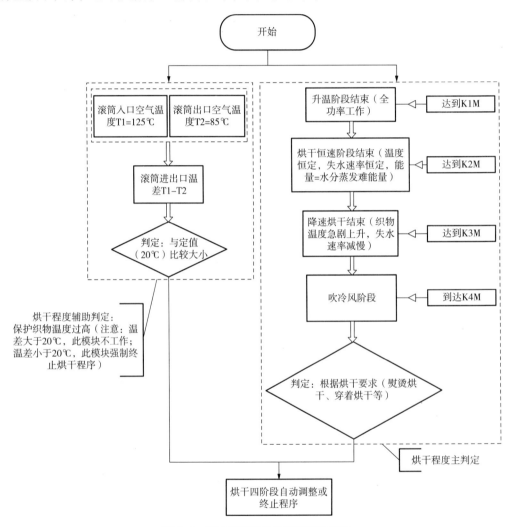

图2-9　平台双重判停控制算法流程图

辅助温差（$\Delta T = T_1 - T_2$）控制方式为：利用加热丝附近空气温度T_1与滚筒出口空气温度T_2来达到控制织物烘干结束的辅助条件而终止烘干程序的控制方法。具体实现技术手段为：借助在加热丝中心圆孔上安装温度传感器T_1、在滚筒出口纤维槽附近安装温度传感器T_2的方式，进而实现进口空气温度、出口空气温度准确监控。同时，采用模块控制的优势在于T_1是位于干衣机烘道内的空气温度，数值相对稳定，受外界电压、电流的影响较小。

同时，水的比热容远大于空气的比热容，因而大部分热量都被水分吸收了，导致空气温度相对比较稳定；T_2是位于滚筒出口处的空气温度，此处温度不仅是织物与热空气充分接触后而达到的最终温度，也是与织物温度最接近的地方，可较准确地反应织物自身的温度。因此可实现滚筒进出口空气温湿度及流速的实时测控。利用这两个地方的温度差作为控制方式不仅准确度较高，而且也可兼顾到环境（加热丝）和负载（滚筒出口）对烘干品质的影响。同时也实现了烘干阶段判定及准确结束烘干程序，满足用户的烘干需求。

五、织物烘干综合测控平台的直线运动或静止悬挂系统

为了探究织物运动模式（静止、直线运动或旋转运动）对织物烘干效率及烘后性能影响的关系，本章提出自制一个不锈钢三脚架，通过上面加装伺服电动机、拉力传感器、零位传感器，实现织物的不同运动模式。

必须指出，织物静止不动或者直线运动时，采用直流无刷电动机（DC电动机），而不是原装电动机（AC电动机）。静态或者直线运动时不需要连接干衣机开关，只需要单独连接加热丝开关、转速开关、风机开关。这时的静态控制开关是运动次数，即参数设定完毕，点击运动次数，滑轨将按照设定参数启动工作。因STM32的PWM信号、方向信号最终都需要发送给驱动器，驱动器内部的光耦一般是5V导通，而STM32的IO信号都是3.3V的，所以需要进行电平转换。另外，外部限位一般也为5V信号，所以要考虑到对STM32管脚的保护，也需要将5V转换成3.3V后传给STM32。而74LS4245是一个典型的双电源供电的双向收发器，通过DIR管脚控制传输方向，非常适合应用在这个电路中。同时，使用这块芯片也可加大驱动能力，保护STM32管脚的作用。其电路图如2-10和图2-11所示。至此已经完成了整套硬件平台的所有关键点设计。

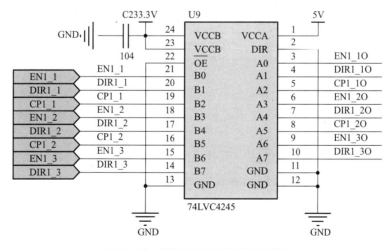

图2-10　步进电动机信号输出电路图

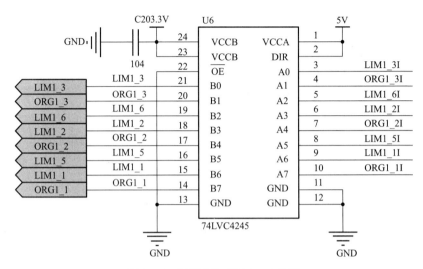

图2-11　零限位传感器接口电路图

六、显示界面及数据存储系统

监控系统界面是系统人机交互的主要载体，主要完成烘干试验加热丝功率、滚筒转速、风速、最高温度及各阶段分界点参数的输入及过程数据的实时记录显示等功能。

监控界面主要包括烘干参数设定模块和烘干过程运行状态模块。其中，烘干参数设定模块，主要实现根据试验目的，设定加热丝功率、滚筒转速、风速、最高温度及各烘干阶段的分界点。此外，为便于挖掘分阶段变参数烘干模式的节能潜力，本系统开发了阶段性参数设定功能，支持阶段烘干参数的设置，阶段执行参数设定命令，当一个阶段结束，自动进入下一个阶段，当全部设置阶段运行完成，烘干过程结束。烘干过程运行状态模块是实现将织物烘干过程透视化的基础。此模块可实现加热丝附件空气温度、滚筒入口空气温湿度、滚筒出口空气温湿度、排气口温湿度、加热丝功率、排气口空气风速、滚筒转速、烘干过程能耗、烘干时间、织物表面温湿度等参数的实时显示。

七、平台操作使用流程

此平台除了友好的人机交互监控界面外，操作步骤也极为简单，具体操作流程如下：

（1）开机前的准备工作：检查给平台供电的电源电压是否正常〔电压读数为（220±10）V为正常，电压超过此范围时必须谨防各类电气、机械故障〕、控制干衣机各构件的调压器或者控制器是否归零。各模块均正常，方可进行下一步操作。

（2）将开发板蓝色线连接电脑，接通电源线，观察平台控制柜上指示灯是否正常。

（3）带上绝缘手套给干衣机供电，连接温控器、转速控制箱、滑轨，蓝色开发板USB、急停开关的相应开关或插头，打开安装在Windows XP操作系统的计算机上的上位机控制软件，并在设置界面上设置好IP地址和端口号以后，使控制软件与STM32连接。

（4）在人机交互监控界面上，设置所需参数值，点击交互界面上的启动参数上传设定参数，并点击交互界面上的"open"按钮，启动平台系统，进行烘干试验。此步骤，必须注意参数调整范围（根据前期实验，确定平台的较佳范围为风速5~11.0m/s对应调压器数字为14~25、转速40~60r/min对应转速控制箱650~1300r/min、功率1500~4150W对应调压器175~225V，但不代表范围之外，此平台不能调节）。

（5）在本烘干平台的PC上位机界面上观察各测试指标的实时值。

（6）点击"close"按钮，全机停止运转。（必要时也可依次按下"抽风机停止""转速停止"按钮，依次停止各组部件的运转），按下电源开关；拉下闸刀开关，切断电源，停机操作即告完毕。

此外，在使用本平台的过程中，应注意如下操作事项：检查电源电压、控制加热丝的调压器、控制滚筒运转的控制箱各开关、控制风速的调压器及控制整个系统运行的控制柜的供电系统、指示灯、开关是否关闭，确保全部开关按钮均已关闭，方可离开，以免发生意外。

八、织物烘干综合测控平台的性能调试

调试是程序开发过程中的重要过程，因为它能检验是否实现了系统所需的功能要求。因此，在织物烘干综合测控平台的硬件部分和软件部分设计完成以后，对其进行调试，主要包括硬件电路设计及连接是否正确，STM32中的程序是否能正常运行，控制软件是否能在计算机上运行并与STM32进行通信。在硬件和软件调试成功、系统能够正常运行以后要对整个系统的性能进行测试。

（一）调试步骤

为了避免调试过程中发生不必要的错误，本系统所有调试工作均遵循如下调试步骤：

（1）按照原理图核对各个元器件的型号、极性是否正确，用万用表对电路板中的各个引脚进行检测，观察是否有引脚连接错误，经过仔细排查，确保电路板各元器件均无错误，电路连接正确。

（2）电路板通电后对其进行检测，查看是否有元器件出现过热或烧坏情况，检测各个模块能否实现设计的功能。经过检测复位电路可以实现系统的复位功能，存储器可以被正确访问，显示模块能够正常运行，STM32控制器可以实现对传感器测量数据的采集，继电器模块能够正常控制执行设备的通断。

（二）调试内容

为了达到在控制软件上能够实时显示织物温度、织物湿度、烘干通道内各处气流的温湿度、风速、转速、加热丝功率及耗电量，并且每3s更新一次，温度误差控制在 ±2℃之内，湿度误差控制在 ±5%以内，转速误差控制在 ±5r/min以内，风速误差控制在 ±0.3m/s，功率误差控制在 ±10W以内的目的，本节针对主控制器和平台系统进行调试，并对调试过程进行简单介绍。

1. 主控制器STM32调试

调试主控制器STM32时，主要通过PC向STM32发送一段消息，通过JTAG接口将一段通讯程序收录到STM32中。检测串口电路是否工作正常的方法是，将终端接收到的返回字符与发送的返回字符进行比较，如果一致则串口通信正常。在确定串口电路工作正常后，对主控制器的程序运行情况进行检测。将主控制器通过JTAG接口与PC机相连，使用终端观察程序的运行状态。主控制器使用JTAG接口，将程序运行状态传送到PC机。因此，PC机能够显示程序的初始化状态、收发消息情况。

在主控制器模块工作正常的情况下，对其他设备节点进行测试，主要对各设备节点与主控制器的通信状况进行检测。将温湿度传感器模块、台秤、风速传感器、霍尔传感器等与主控制器连接，组成一个通讯网络。综合测控平台实物图如图2-12所示。

2. 平台系统调试

主控制器节点的调试结束后，就可以对整个烘干平台系统进行调试。将已经调试好的温湿度传感器节点、PC机显示界面、含水率测量节点等，与主控制器连接起来，组成多节点的控制网络。给平台系统供电，保证平台系统各节点处于连通状态。如果设备节点的

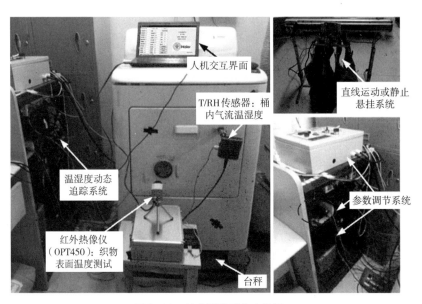

图2-12　综合测控平台实物图

LED指示灯未亮，则证明该节点并未与系统连通，需要对其复位。整个平台系统各设备节点连通以后，可以将各节点监测到的数据发送给主控制器，在上位机PC上显示数据，并且实时存储数据。经过测试，主控制器的运行状态稳定，各设备节点的发送与接收响应及时、快速，平台设计基本达到了功能要求。系统调试完毕后，将各个节点的电路板进行封装，固定在控制柜中。

此外，此平台系统调试是分模块逐个进行调试，由于篇幅限制，在此仅展示了烘干气流各处温度测试模块（8路PT100模块）的调试结果（图2-13），其调试方法为：将烘干平台与PC机连通，PC机上即可显示系统界面，界面显示了各设备节点发送的数据。

图2-13　调试过程数据显示界面（PT100模块）

第三节　织物烘干综合测控平台的功能验证

对系统的硬件部分、STM32控制器中的软件部分和控制软件部分进行调试、修改，并在其正常运行以后，通过试验对系统的相关功能进行测试。

一、试验材料及方法

（一）试验材料

本研究选择杭州通惠面料公司的纯棉织物作为干衣机烘干对象的代表进行烘干平台的

性能测试, 并将其裁剪成尺寸为38cm×38cm的试样, 其详细规格尺寸如表2-1所示。

表2-1　试验样品规格尺寸

面料	组织结构	织物密度（根/10cm）		线密度（tex）		单位面积质量（g/m²）	厚度（mm）
		经向	纬向	经向	纬向		
100%棉织物	平纹	266	144	14.61	14.61	120	0.48

采用从上海纺织工业技术监督所购买的纯棉和纯涤纶作为陪洗布, 其详细规格尺寸如表2-2所示。

表2-2　陪洗布规格尺寸

陪洗布	纯棉陪洗布	纯涤纶陪洗布
组织	平纹机织	针织
尺寸（cm×cm）	92×92±2	20×20±4
质量（g/件）	130±10	50±5

（二）试验仪器及设备

试验过程中的主要设备有全自动滚筒洗衣机（小天鹅MD80-1407LIDG）、自行研制的织物烘干综合测控平台。在测试过程中用于校准的试验设备如表2-3所示。

表2-3　用于校准的试验设备

仪器或设备名称	型号	用途	制造商
电子天平	TCS-XC-A	台秤校准	上海香川电子秤有限公司
计时器	PC2810	计时	深圳惠波工贸有限公司（天福）
能耗仪	CLM 221	耗能校准	Christ Elektronik
温湿度计	O-230	温度湿度校准	日本多利科有限公司
风速仪	GM8901+	风速校准	标智仪表有限公司
转速仪	DT2234B/2235B/2236B	转速校准	速为仪表有限公司
功率表	LCDG-DG110	加热丝功率校准	力创科技

（三）试验方法

1. 预处理方法

样品在烘干之前，需进行洗涤预处理，处理设备采用型号为MD80-1407LIDG的小天鹅全自动滚筒洗衣机，具体洗涤预处理程序参数如表2-4所示。

表2-4 洗涤预处理程序参数

洗涤程序	转速（r/min）	漂洗时间（min）	脱水时间（min）
单漂洗脱水	1000	15	5

2. 烘干试验条件

烘干试验是在自行研制织物烘干综合测控平台上完成的。烘干试验设定程序参数如表2-5所示。

表2-5 烘干试验设定程序参数

负载（kg）	初始含水率（%）	功率（W）	风速（m/s）	滚筒转速（r/min）
3±0.01	70	4000	6.8	42~48

二、结果与讨论

将预处理后，初始含水率为70%的3kg湿衣物放入干衣机内，按照设计的试验，输入烘干试验的各参数（表2-5），启动织物烘干综合测控平台进行烘干试验。

（一）温湿度动态变化过程追踪试验测试

本烘干平台具有同时监控织物温湿度及烘干通道内各处烘干气流温湿度、烘干气流的流速等多个参数的功能。尽管笔者对每个监测参数均进行了试验测试，但是由于篇幅限制，在此仅以排气口处空气的温度和湿度测定值与标准值的结果为例进行说明（表2-6）。

表2-6 烘干平台的排气口处空气温湿度动态追踪测试结果

排气口空气温度				排气口空气湿度			
标准值（℃）	测定值（℃）	误差（℃）	相对误差（%）	标准值（%）	测定值（%）	误差（%）	相对误差（%）
26.4	26.2	−0.2	0.8	58.9	58.6	−0.3	0.5
39.4	40.4	1.0	2.5	88.4	87.8	−0.6	0.7

排气口空气温度				排气口空气湿度			
标准值 （℃）	测定值 （℃）	误差 （℃）	相对误差 （%）	标准值 （%）	测定值 （%）	误差 （%）	相对误差 （%）
39.6	39.3	−0.3	0.8	93.8	93.8	0	0
43.1	42.7	−0.4	0.9	98.5	99.1	0.6	0.6
49.6	49.6	0	0	95.7	94.8	−0.9	0.9
57.9	56.9	−1.0	1.8	89.4	89.4	0	0
69.5	67.9	−1.6	1.5	72.8	72.9	0.1	0.1
64.4	65.4	1.0	1.5	69.9	69.8	−0.1	0.1
63.9	63.5	−0.4	0.6	53.3	53.3	0	0
65.9	64.9	−1.0	1.5	40.1	39.7	−0.4	1.0
46.2	47.2	1.0	2.1	38.2	38.3	0.1	0.3

注 表中标准值为校准设备所测数据，测定值为烘干平台上各处传感器所测数据。

基于表2-6试验结果对照分析可知，监控系统温度的绝对误差均在2℃以内，相对误差均在3%以内；湿度绝对误差均在1%以内，相对误差均在1%以内，满足烘干织物温湿度及烘干通道内各处温湿度在线动态监测的精度要求。

（二）烘干参数调控性能试验测试

由试验可知，各参数的检测值与设定值误差均在±5%以内，完全满足烘干过程织物烘干在线监控的精度要求（表2-7）。因此，本平台可以用于干衣机烘干参数优化、织物烘干过程烘干气流的温湿度变化规律的研究。

表2-7　织物烘干综合测控平台的主要调控参数

参数	测试值	设定值
加热丝功率（W）	4005	4000
滚筒转速（r/min）	45	42
风速（m/s）	6.7	6.8
最高温度（℃）	129	130
终止湿度（%）	38	40

本章小结

本章是以实现烘干过程优化为目标，并充分考虑干衣机性能要求，研制了专门用于织物烘干的温湿度动态追踪及烘干参数连续可调的测控平台，以便进行干衣机烘干特性及烘干过程传热传质机制的研究。平台具有如下特点：

（1）烘干过程的加热丝功率、风速、滚筒转速、最高温度、各阶段分界点等主要参数连续可调。

（2）烘干过程织物温湿度、烘干腔内各处气流温湿度、气流速率、加热丝功率、风速、转速等参数的实时追踪。

（3）更换了驱动干衣机滚筒转动的电动机，并创新性地设计了悬挂式烘干机构，实现不同运动模式对烘干效率影响研究的目的。

（4）在干衣机开门处，配置了高速摄像机，实现了织物运动轨迹的实时追踪。

此外，本平台可实现上位机（PC机）和下位机（干衣机）的闭环反馈PID控制，即各部位各类信号采集模块和各烘干因素连续调控模块能够按照设定目标值工作。

第三章

干衣机特性参数对织物滚筒
烘干动力学影响研究

　　织物滚筒烘干是一个由外部传热传质过程和内部湿热迁移过程相互影响、相互制约的耦合过程，外部传热传质能力的强弱将直接影响烘干速度的快慢。而外部传热传质能力又与干衣机设备的加热丝功率、风速、转速及其转动方向运行情况显著相关。因此本章以加热丝功率、风速、滚筒转速及其转动方向为试验变量，研究了干衣机各参数与烘干能耗、烘干时间、烘干均匀性、烘后外观平整度的关系。此外，为了详细探讨上述各参数对织物滚筒烘干动力学的影响，本章还测试了不同加热丝功率、风速、滚筒转速及转动方向时，织物表面温度、织物失水速率曲线、织物的运动模式，以期为干衣机烘干参数优化提供指导。

第一节　织物滚筒烘干机理分析

　　织物滚筒烘干是指织物在干衣机的烘干程序下随滚筒转动，利用高温气流流过湿衣物的表面，加热衣物且使织物表面水分蒸发到周围空气中，接着内部的水分不断扩散到织物表面，继续被蒸发到周围空气中，增湿后的空气经过滤排出机外，循环往复，直到达到织物烘干为止的过程，如图3-1所示。显然在此过程中，织

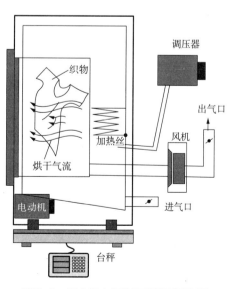

图3-1　干衣机内织物滚筒烘干示意图

物既会受到离心力、摩擦力及重力等外力的复合作用，也会被举升筋反复提起、抛撒，使其经历滑移、旋转、滞留、坠落等运动模式，同时也会与烘干热气流不断发生热湿交换。换句话说，织物滚筒烘干其本质就是织物与热空气热湿交换、织物受力、织物运动三者相互作用的结果。因而，对织物滚筒烘干机理研究可简化为织物与热空气的热湿交换、织物运动、织物受力三个方面的研究。

一、织物滚筒烘干热湿交换过程分析

织物滚筒烘干的加热方式属于典型的强迫对流加热，其水分迁移原理如图3-2所示。首先利用流动的热空气对织物表层加热，当其表层能量积累到一定程度以后，依靠热传导方式逐次地向织物内层传递，最终实现烘干桶内所有织物的加热。在这一过程中，烘干气流的热量传递给织物，织物表面的水分蒸发到周围的烘干气流中去，织物内部的水分再通过扩散到达织物表面，也被蒸发到周围烘干气流中。显然，此过程是一个织物与周围烘干气流不断进行热湿交换的过程，必然导致其表面温度和织物内水分含量变化。而且热空气既作为织物烘干的热源，又作为织物排出水分的载体。

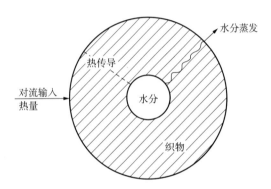

图3-2　干衣机中湿衣物内水分迁移原理

二、织物滚筒烘干运动模式

织物在干衣机内的运动是织物在离心力、摩擦力及重力等复合外力作用下，不断被举起、抛撒、坠落的过程，其运动模式依据织物在干衣机内运动时的移动距离，划分为滑动、坠落、滞留、旋转四种状态，如图3-3所示。其中，滑动［图3-3（a）］是指当干衣机举升筋沿逆时针方向旋转时，织物顺着举升筋向反方向滑动的运动；坠落［图3-3（b）］是指织物由于受到干衣机举升筋的抬升旋转后，从空中落下的运动；滞留［图3-3（c）］是指织物由于受到烘干气流及下方衣物的支撑而停留在干衣机滚筒底部；旋转［图3-3（d）］是指织物随着干衣机举升筋的一起移动的运动。此外，对比不同运动模式也可发现，不同运动模式，其织物抛撒程度（指织物在干衣机内的分散程度）、料幕中织物的分布密度（织物在桶内被抛撒，而形成的像瀑布一样的占据滚筒截面的织物流，称为"料幕"）显著不同，显然，仅简单使用运动模式对织物烘干进行机理解释是远远不够的，故有必要建立一系列表征织物运动形态的指标对其进行深入研究。

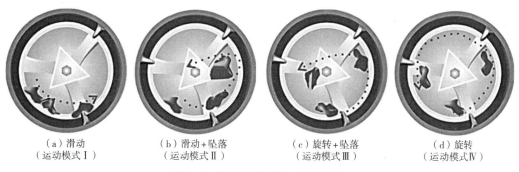

（a）滑动
（运动模式Ⅰ）
（b）滑动+坠落
（运动模式Ⅱ）
（c）旋转+坠落
（运动模式Ⅲ）
（d）旋转
（运动模式Ⅳ）

图3-3 烘干过程织物运动模式分析

依据织物的重心、轮廓和织物运动可将其运动指数分为四类。其中，基于织物重心建立的织物运动指数包括织物重心到滚筒中心的距离、织物重心的角度变化、滚筒与织物的速度差、单个周期内各运动的时间以及织物运动的总距离。基于织物轮廓建立的织物运动指数包括轮廓长度、织物面积、形状因数和展开次数。基于织物运动建立的织物运动指数包括滑过举升筋的次数、反转的次数、下落的次数、旋转的次数、位置因素和群指数，具体如表3-1所示。

表3-1 描述织物运动指标

指标	示意图	指标	示意图
时间因子 $t = \dfrac{T_i}{\sum T_m}$		织物滑动次数	
垂直运动因子 $h = \dfrac{H_i}{\sum H_m}$		织物坠落次数	
运动距离因子 $s = \dfrac{S_i}{\sum S_m}$		织物旋转次数	

指标	示意图	指标	示意图
织物与烘干气流交互面积		织物悬垂位置（象限）	
织物外轮廓		织物重心变化角度	
织物与滚筒速度差 $\Delta V = V_1 - V_2$		填充比 $a = \dfrac{A_2}{A_1 + A_2}$	

注　t 为时间因子，%；T_i 为滑动时间，s；T_m 为滑动运动、旋转运动、坠落运动形式的总时间，s；h 为垂直运动因子，%；H_i 为滑动运动的垂直距离，m；H_m 为滑动运动、旋转运动、坠落运动形式的总垂直距离，m；s 为运动因子，%；S_i 为滑动运动的距离，m；S_m 为滑动运动、旋转运动、坠落运动形式的总距离，m；ΔV 为织物与滚筒速度差，m/s；V_1 为织物运动速度，m/s；V_2 为滚筒运动速度，m/s；a 为填充比，%；A_1 为滚筒截面积，m^2；A_2 为织物展开面积，m^2。

三、织物滚筒烘干受力情况

织物在滚筒烘干过程中，会同时受到来自干衣机滚筒的离心力、筒壁与织物之间的摩擦力以及织物自身重力共同作用，而且其受力情况是时刻变化的，即随着织物所处象限不同而不同。

图 3-4 描述了织物滚筒烘干的受力情况。其中［图 3-4（a）］描述了织物的坐标情况，干衣机的中心被设定为坐标系的原点，织物轮廓上、下、左、右四个最远点的焦点确定为织物的重心。具体来说，当织物在第三象限中的运动时［图 3-4（b）］，其运动模式属于图 3-1 的运动模式 I。而其受力情况可分解为来自重力的滑动力（$mg\sin\theta$）和摩擦力（$\mu mr\omega^2 + \mu mg\cos\theta$）以及来自衣物摩擦力及来自滚筒的离心力。其中来自重力的滑动力

（$mg\sin\theta$）和摩擦力（$\mu mr\omega^2 + \mu mg\cos\theta$）的平衡情况决定织物滑移距离。织物间的摩擦力决定织物滑移的方向，即当织物的摩擦系数变小且重量变轻时，便没有了足够的摩擦力，因此织物的运动表现为顺着干衣机举升筋旋转的反方向滑动。即使烘干转速十分缓慢，甚至影响到角速度（ω），织物也不会随着举升筋一起移动，反而只会顺着举升筋反向滑动。相反，如果织物间存在足够大的摩擦力且织物没有滑过举升筋，织物将会随着举升筋一起运动。然而，当倾斜角度（θ）增大且滑动力大于摩擦力时，织物将会呈现出与干衣机旋转方向相反的运动。

当织物在第一象限运动时［图3-4（c）］，其受力情况可分解为试图维持织物旋转的力和试图干扰其旋转的力。其中织物所受到的来自滚筒的离心力（$mr\omega^2$）和摩擦力（$\mu mr\omega^2 - \mu mg\sin\theta$）是试图维持织物旋转的力，然而重力（$mg$）及由重力分解出的滑动力（$mg\cos\theta$）是试图干扰织物旋转的力。随着第一象限中倾斜角度的增加，$\cos\theta$的值也随之减少，这样造成了$mg\sin\theta$滑动力的减小。另外，由它决定的摩擦力也会减小，因此，重力（mg）及离心力（$mr\omega^2$）平衡情况决定了织物在第一象限的运动模式。当织物以恒定速度旋转时，离心力是恒定的，但是当受力方向改变，重力及离心力之间的平衡也随之改变，这样便影响了织物的运动。当重力大于离心力时，织物会从空中坠落下来，即出现了图3-1中的复合运动模式（运动模式Ⅱ和运动模式Ⅲ）。如果当织物随着举升筋一起移动直至最大角度时（$\theta = \pi$），试图维持织物旋转的力仍然大于试图干扰旋转的力，织物不会掉落并一直维持旋转状态，即出现了运动模式Ⅳ。

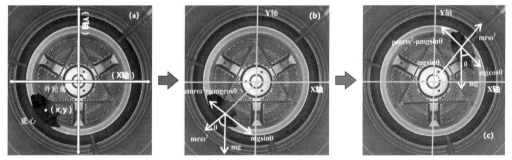

（a）织物桶内运动的坐标分析　（b）织物桶内运动的第三象限受力分析　（c）织物桶内运动的第一象限受力分析

图3-4　干衣机内织物烘干受力分析

综上所述，织物的烘干效率是织物加热、织物运动模式及织物在滚筒内的受力情况复合作用的结果。后续开展的不同条件的织物滚筒烘干效率试验研究，均是从织物温湿度、织物运动模式及织物受力情况的角度解释其影响机制。

第二节 干衣机特性参数对织物滚筒烘干动力学影响测试

一、试验材料及预处理方法

（一）试验材料

1. 试验样品

基于预试验结果及前人研究，选择从杭州通惠面料公司购买的纯棉织物作为试验样品进行烘干特性试验，其详细规格尺寸参见表2-1。此外，结合AATCC-124及人体形态（后背）的角度，确定将其裁剪成尺寸为38cm×38cm的试样进行相关试验。

2. 陪洗布

陪洗布参见表2-2。

（二）预处理方法

样品在烘干之前，需进行洗涤预处理，处理设备采用型号为MD80-1407LIDG的小天鹅全自动滚筒洗衣机进行，具体处理参数如表3-2所示。

表3-2 洗涤预处理程序参数

洗涤程序	转速（r/min）	漂洗时间（min）	脱水时间（min）
单漂洗脱水	1000	15	5

二、试验装置及仪器设备

试验过程中，主要用到两个设备：全自动滚筒洗衣机（小天鹅，MD80-1407LIDG）；自行研制的织物温湿度动态追踪及烘干参数连续可调的测控平台（GDZ10-977海尔热电直排式干衣机改造）。试验过程中所用到的其他仪器设备如表3-3所示。

表3-3 其他仪器设备

设备	型号	应用	厂家
全自动滚筒洗衣机	MD80-1407LIDG	烘干前洗涤处理	江苏无锡小天鹅有限公司
烘干设备	GDZ10-977	烘干实验	青岛Haier有限公司
能效仪	DDS238-1 ZN 5（32）A 50HZ	加热丝能耗	立信仪表有限公司
电能表	CLM 221	电动机风机能耗	江苏南京伊莱克有限公司

续表

设备	型号	应用	厂家
平整度样照	AATCC 124	平整度等级	美国标准
台秤	TCS–XC–A	面料重量	上海香川电子秤有限公司
标准磨损布	EMPA 304	机械力	上海标准化研究所
电子表	Electronic timer	烘干时间	上海仪表厂有限公司

三、试验方法

（一）试验方案

为了明确干衣机各特性参数（加热丝功率、风速、滚筒转速及转动方向）对织物滚筒烘干动力学（烘干时间、能耗、均匀性、最终含水率、平整度）的影响趋势，同时兼顾简化试验设计和提高试验效率的目的，本文采用单因素试验方案，并在预试验以及前人研究的基础上，设定各因子具体试验水平，其试验方案如表3-4所示。

表3-4　干衣机特性参数对织物滚筒烘干动力学影响研究试验方案

试验序号	加热丝功率（±10W）	风速（±0.3m/s）	滚筒转速（r/min）	滚筒转动方向
1	4000	8.8	42~48	单方向旋转
2	3500	8.8	42~48	单方向旋转
3	2500	8.8	42~48	单方向旋转
4	1500	8.8	42~48	单方向旋转
5	3500	10.8	42~48	单方向旋转
6	3500	6.8	42~48	单方向旋转
7	3500	4.8	42~48	单方向旋转
8	3500	8.8	52~58	单方向旋转
9	3500	8.8	32~38	单方向旋转
10	3500	8.8	42~48	正反交替旋转
11	3500	8.8	0	无

注　上述试验的试验负载均为（3.0±0.01）kg，初始含水率均为（70±5）%。

（二）测试方法

1. 织物表面温度

将经过预处理的烘干负载放在自行搭建的织物烘干综合测控平台上，进行烘干试验。在烘干过程中实时记录织物表面温度，进而达到对烘干过程织物表面温度变化规律研究的目的。

2. 织物瞬时含水率

将经过预处理的烘干负载放在自行搭建的织物烘干综合测控平台上，进行烘干试验。在烘干过程中实时记录织物重量的变化，并将所记录织物重量换算为织物瞬时含水率，实现对织物含水率变化规律研究的目的。其计算公式为：

瞬时含水率计算公式：

$$W_i = \frac{m_i - m_0}{m_0} \times 100\% \tag{3-1}$$

式中：W_i——织物瞬时含水率，%；

　　m_i——织物瞬时质量，g；

　　m_0——织物初始质量，g。

3. 烘干速率

烘干速率，定义为单位时间内失水量。其计算公式如下：

$$DR = \frac{m_{t1} - m_{t2}}{t_2 - t_1} \tag{3-2}$$

式中：DR——失水速率，g/min；

　m_{t1}、m_{t2}——t_1 和 t_2 时织物质量，g。

此外，必须指出由于本平台每3秒均可接收一组数据，数据量较大，为了使图表简化，所以以5min内所得数据的平均值作为一个数据点的方法对所测数据进行处理，进而实现了织物烘干过程织物表面温度及瞬时含水率变化研究。

4. 烘干能耗和烘干时间

采用自行搭建的烘干平台测试烘干前后的耗能差和时间差。其计算公式如下：

$$Q = Q_f - Q_i \tag{3-3}$$

式中：Q——烘干能耗，kW·h；

Q_f、Q_i——烘干结束时和烘干开始时的能耗，kW·h。

$$T = T_f - T_i \tag{3-4}$$

式中：T——烘干时间，min；

T_f、T_i——烘干结束时和烘干开始时的时间，min。

5. 最终含水率

最终含水率是指烘干结束时，织物的含水率。其计算公式如下：

$$W_f = \frac{m_f - m_0}{m_0} \times 100\% \qquad (3-5)$$

式中：W_f——最终含水率，%；

　　　m_f——程序停止（烘干完成）5min内称重得到的负载质量，g；

　　　m_0——负载调整重量，g。

6. 平整度测试

每次试验结束后，将放在负载中的三块试验样品取出，并由三位专业人员在标准实验室内，通过与AATCC样照对比分别对三块样品进行评级，将每块试样经三人评级后得到的九个数据求平均，结果保留一位小数，作为此样品的平整度。

7. 织物运动轨迹测试

采用带有数据传输记录功能的型号为XS-4（X-Stream TM, IDT Inc.，美国）的高速摄像机XS-4进行录像，并以每秒200帧的速度采集10秒，共计2000帧。再将录制好的视频交给三位相关专业评价人员从中挑选出最具代表性的视频。最后，再将出现在录像中的织物轮廓进行逐帧分析，得出整个烘干过程的织物运动模式。

8. 烘干均匀性测试

当烘干结束时，逐个称量带有编号的试验样品的重量，计算每块样品的含水率，以此来计算所有样块的含水率均方差，并与所有负载的平均含水率相比较，以此描述织物的烘干均匀性，其计算公式如下：

$$K = \frac{\overline{C_i} - \Delta C_i}{\overline{C_i}} \times 100\% \qquad (3-6)$$

式中：K——含水率均匀度，%；

　　　$\overline{C_i}$——所有负载含水率平均值，%；

　　　ΔC_i——所有负载含水率均方差，%。其值越接近100%，代表烘干均匀性越好。

第三节　干衣机特性参数对织物滚筒烘干动力学影响分析

一、加热丝功率对织物滚筒烘干动力学的影响

在烘干负载为3.0kg、初始含水率为70%、滚筒转速为42~48r/min、风速为8.8m/s条件下，分别选取加热丝功率为1000W、2500W、3500W、4000W进行加热丝功率单因素的织物烘干试验，测得加热丝功率对烘干能耗、烘干时间、最终含水率等的影响。此外，为了

详细解释加热丝功率对各指标的影响机制，还测试不同功率条件下，织物烘干曲线、织物表面温度特性曲线及织物运动模式。

（一）加热丝功率对烘干时间的影响

由表3-5和图3-5、图3-6可知，在负载量、初始含水量、风速和滚筒转速相同的情况下，随着加热丝功率的增加，烘干时间呈逐渐下降趋势。织物表面温度是烘干过程中水分由内部向织物表面扩散的主要动力，表面温度的高低显著影响烘干时间，而加热丝功率又是提供织物表面温度的原动力，因而加热丝功率的高低会显著影响烘干时间的长短。结合图3-5和图3-6可知，加热丝功率越高，经加热丝加热后的烘干气流携带的能量越高，传递给织物的能量越多。当气流流过织物表面时，织物表面温度的上升速度越快，织物达到恒定温度的时间越短，即织物的升温阶段越短，织物迅速进入烘干的主要阶段——恒速烘干阶段，越有利于缩短总的烘干时间。而且，恒速阶段的织物表面温度越高，越有利于织物表面水分的蒸发，此阶段的失水速率越大。织物内水分含量是一定的，失水速率越大，恒速阶段维持的时间越短，导致总烘干时间进一步缩短。这说明加热丝功率会显著影响织物的烘干时间。

具体来说，当加热丝功率为4000W，织物烘干时间最短（50min）。这是因为升温速度较快，20min达到最高温度（65℃左右）。加热丝功率为3500W时，织物烘干时间稍有增加（60min），烘干最高温度为60℃。而且对比发现，加热丝功率为3500W和4000W时，织物表面温度的升温速率和升温时间几乎一致，这就说明如果从缩短织物到达最高温度的角度来缩短烘干时间，采用3500W和4000W，其差异并不大。同时，采用4000W还会导致织物表面的最高温度过高，织物如果长时间（25min）处于高温环境，很容易导致织物性能受损，尤其是热敏感织物。相反，当加热丝功率采用较低功率（2500W）时，导致织物表面温度较低，升温速率过慢，升温时间过长（50min），且恒速阶段织物的表面温度偏低（50℃左右），不利于织物内水分的迅速逃逸，因此延长烘干时间，增加了能耗。当加热丝功率采用1000W时，流经织物表面的烘干气流携带能量较少，致使织物长时间处于30℃左右，不能提供保证织物内水分迅速蒸发所需要的能量，阻碍了织物内水分的迁移，延长了烘干时间（95min）。

表3-5 加热丝功率对烘干时间的影响

加热丝功率（±10W）	1000	2500	3500	4000
烘干时间（min）	95	60	55	50

（二）加热丝功率对烘干能耗的影响

由表3-6可知，在负载量、初始含水量、风速和滚筒转速相同的情况下，随着加热丝功率的增加，其烘干能耗并不是呈单纯的增加或者下降趋势。当加热丝功率为1000W、2500W时，其烘干能耗分别为3.87kW·h、3.91kW·h。原因如下：正如图3-5和图3-6所示，当加热丝功率为1000W或者2500W时，织物表面的温度较低，织物长时间处于30℃左右，十分不利于织物内水分的蒸发，织物的失水速率较低，而织物内需要失去的水分含量是一定的，必然导致烘干时间的延长。而且干衣机的耗能单元除了加热丝以外，还包括风机和带动滚筒转动的电动机，低功率会降低加热丝单位时间的耗能，而风机和带动滚筒的电动机会引起烘干时间的延长，耗能增加，进而导致总的烘干能耗增加而不是下降。换句话说，降低加热丝功率所减少的能耗，被烘干时间延长所增加的能耗抵消了，进而导致总的烘干能耗并未显著下降。相反，当加热丝功率为3500W时，织物的烘干能耗最小（3.36kW·h），这是因为，当加热丝功率为3500W时，织物的升温速度、织物的失水速率与4000W差异不大，故烘干效率差异不大。当加热丝功率为4000W时织物，织物的烘干能耗反而增加了。这是因为当加热丝功率为4000W时，相比于加热丝功率为3500W时，织物表面最高温度较高，增加的功率主要用于织物表面温度的增加。此外，由于织物烘干是一个同时受水分梯度和温度梯度共同作用的过程，水分梯度导致织物中的水分不断向减少的方向扩散，即从织物内部向外部迁移；而温度梯度导致水分从高温区域向低温区域转移，即从织物外部向织物内部迁移，显然两者的作用方向是相反的；若水分梯度比温度梯度效果强，水分将按照织物水分减少的方向转移；若温度梯度比水分梯度效果强，水分则随热流方向转移，并向水分增加方向发展，则织物水分减少的速率变慢或停止，达不到烘干的目的，甚至会出现织物表面受损；因此，加热丝功率过高，其烘干效率并不一定越高。

表3-6　加热丝功率对烘干能耗的影响

加热丝功率（±10W）	1000	2500	3500	4000
烘干能耗（kW·h）	3.87	3.91	3.36	3.83

（三）加热丝功率对织物最终含水率的影响

由表3-7可知，在负载量、初始含水量、风速和滚筒转速相同的情况下，随着加热丝功率增加，最终含水率呈逐渐下降趋势。因为织物内的水分子，主要分为三种，自由水、结合水和毛细水，其中自由水主要是在烘干的初期和恒速烘干阶段被迁出，而降速烘干阶段迁出的主要是结合水，迁移这部分水分需要的能量是迁移自由水所需要能量的30倍。而且结合干燥动力学知识可知，织物烘后的最终含水率的高低主要取决于降速阶段的织物表面温度和降速阶段的维持时间。功率越高，织物烘干后期的温度越高，越有利于织物内结合水分的散失，故最终含水率越低。此外，结合图3-5织物表面温度变化曲线可知，当加热丝功率为1000W、2500W时，烘干后期织物表面温度较低不足以提供这部分水分迁移所需要的能量，故最终含水率较高。而当加热丝功率为3500W和4000W时，烘干后期织物表面的温度较高，足以提供这部分水分迁移所需的能量，故其最终含水率较低。同时还发现，当功率过大（3500W和4000W）时，最终含水率出现负值（过烘）。因为功率较大，烘干后期织物表面温度过高，很容易导致烘后的织物重量低于在恒温恒湿室平衡24h后的织物重量，即最终含水率为负（过烘）。而且，功率越大，后期织物表面温度越高，织物最终含水率会越低，过烘现象越明显，最终含水率越低。

表3-7　加热丝功率对织物最终含水率的影响

加热丝功率（±10W）	1000	2500	3500	4000
最终含水率（%）	7.89	3.79	-0.98	-2.98

（四）加热丝功率对烘干均匀性的影响

如表3-8所示，加热丝功率对织物烘干均匀性的影响不大，其差值均在1.0%~2.0%。这说明调整加热丝功率不是解决织物烘干均匀性的有效手段。正如图3-7所示，加热丝功率只会引起织物表面温度的高低（图3-5），而不会影响织物在筒内的运动、抛撒形态（图3-7），因而不会影响织物的烘干均匀性。这也证明了目前干衣机厂家为了保证织物烘干，盲目采用通过延长烘干时间是极为不合理的。因为这样做只是通过延长织物与烘干气流的作用时间来实现所有织物总的质量较低，进而保证织物干燥。正确的做法应该是通过改变织物在筒内的运动模式，使织物抛撒的更为充分。因此在后续提高烘干均匀性时，应该从改善烘干过程织物的抛撒状态着手，例如，调整滚筒转速或者转动方向等。

表3-8　加热丝功率对烘干均匀性的影响

加热丝功率（±10W）	1000	2500	3500	4000
含水率均匀度（%）	98.78	98.55	98.89	98.32

（五）加热丝功率对织物烘后平整度的影响

如表3-9所示，在负载量、初始含水率、风速、滚筒转速相同的条件下，随着加热丝功率的增加，织物烘后的平整度呈逐渐下降趋势。具体来说，当加热丝功率为1000W、

2500W、3500W、4000W时，其烘干后的外观平整度依次为3.0、2.7、2.6和1.2。原因如下：当加热丝功率为1000W和2500W时，烘干结束时，织物的最终含水率偏高，而且功率越小，最终含水率越高，折皱越容易回复，进而导致织物外观平整度提高。同时，结合图3-5织物表面温度可知，加热丝功率越低，滚筒内温度越低，越不利于棉纤维的大分子运动相对移动，即变形越小，越不易形成折皱。相反，加热丝功率越高，滚筒内的温度就越高，棉织物的折皱回复角越低，越容易起皱。此外，温度升高，棉纤维中的大分子运动会加剧，从而使得大分子链更容易发生旋转、扭曲和伸展，进而导致纤维中定型区（结晶区）的结合力相对较弱，一旦施加外力，织物很容易发生形变，且因高温下织物折皱回复能力变差，发生的形变较易松弛。棉纤维因含有亲水基团，在湿热环境下很容易与水分子结合，使分子链发生扭曲，形成折皱。功率过高，导致烘干后期织物温度过高，使得烘干过程产生的折皱，发生（熨烫作用）热定型，进一步降低织物的平整度。

表3-9　加热丝功率对织物烘干后平整度的影响

加热丝功率（±10W）	1000	2500	3500	4000
平整度（级）	3.0	2.7	2.6	1.2
试样照片				

（六）加热丝功率对烘干动力学的影响机制

由图3-5可知，在初始含水率、负载量、风速、滚筒转速相同的条件下，加热丝功率会显著影响织物表面温度的增加速率、表面最高温度即最高温度位置时间，即功率越大，升温越快，织物表面温度越高，最高温度维持时间越长。随着织物烘干的进行，织物表面温度实时变化，依据织物表面温度的变化情况可划分成急速升温阶段（升温阶段）、恒温阶段及温度下降阶段（吹冷风阶段）。

如图3-6所示，在初始含水率、负载量、风速、滚筒转速相同的条件下，在较小的功率范围内（1000W、2500W和3500W），加热丝功率越大，恒速阶段的织物失水速率越大，织物恒速阶段的保持时间越短。但是超过3500W，再提高加热丝功率，对其恒速阶段的失水速率影响不大。这说明通过增加加热丝功率来提高织物的失水速率的方法是有限的。因为在烘干过程中，织物温度梯度对水分传输的耦合作用（索瑞效应）明显大于湿度梯度对热量传输的耦合作用，导致水分沿着温度梯度由外向内迁移而不是由内向外迁移，水分迁移动力降低。而且，加热丝功率越高，这种耦合作用（索瑞效应）越明显，故4000W的烘

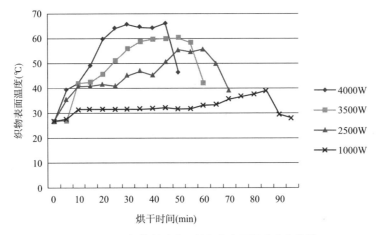

图3-5 不同加热丝功率下的织物表面温度变化曲线

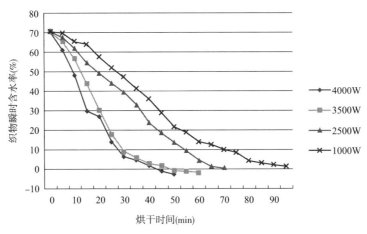

图3-6 不同加热丝功率下的织物烘干速率曲线

干效率并不一定高于3500W的烘干效率，此外，采用较大加热丝功率（4000W），也会导致织物表面温度过高，可能导致织物最终含水率过低或者过烘甚至损伤衣物。

由图3-7可知，在相同的初始含水率、负载量、滚筒转速、风速条件下，调整加热丝功率对其织物运动模式的影响不大。在本节试验条件下，织物均保持滑移、旋转、抛撒、坠落交互进行的复合运动模式。因为加热丝功率只会影响烘干气流的温度，影响织物的失水速率进而影响烘干时间。而且对比不同功率条件下的织物运动模式发现，在不同功率条件下，织物的铺展面积存在细微差异，即加热丝功率越大，织物铺展面积越大，因为加热丝功率越高，织物失水越多，织物自身的重量较小，越有利于抛撒、铺展。而且，含水率越少，织物间黏滞力越小，也越有利于织物抛撒，故随着功率的增加，织物的铺展面积会有轻微增加。同时，这也可以用于解释加热丝功率越大，织物最终含水率越低、织物烘干均匀性轻微提高的原因。

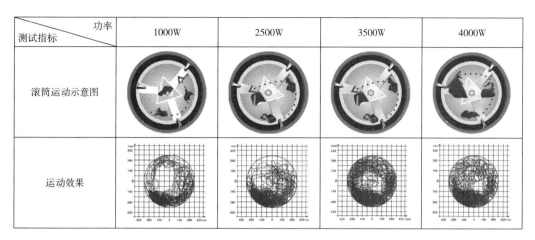

图3-7　不同加热丝功率的织物运动模式

综上所述，加热丝功率，会显著影响烘干气流的温度和织物的失水速率，进而影响烘干能耗、烘干时间、最终含水率及烘后织物的平整度，而且在负载量、初始含水量、风速和滚筒转速相同的情况下，随着加热丝功率的增加，烘干时间、烘干能耗、最终含水率、烘干后的平整度呈现不同的变化趋势。其中，随着加热丝功率的增大，织物的烘干时间、最终含水率、平整度呈逐渐下降趋势。综合考虑烘干能耗、烘干时间、最终含水率和烘后外观平整度，确定加热丝功率为3500W是最佳的。

二、风速对织物滚筒烘干动力学的影响

在烘干负载为3.0kg、初始含水率为70%、加热丝功率为3500W、滚筒转速为42~48r/min条件下，分别选取风速为4.8m/s、6.8m/s、8.8m/s、10.8m/s进行风速单因素的织物烘干试验，测得不同风速条件下烘干能耗、烘干时间、最终含水率（表3-10~表3-14）。另外，为了详细解释风速对各指标的影响机制，还测试在不同风速条件下，织物烘干曲线、织物表面温度特性曲线及织物运动模式，如图3-8~图3-10所示。

（一）风速对烘干时间的影响

如表3-10所示，在烘干负载量、初始含水率、加热丝功率、滚筒转速相同的条件下，不同风速会导致烘干时间存在差异。因为风速显著影响织物表面的升温速率、表面温度、失水速率、烘干气流与织物接触的时间、温热气体在筒内滞留时间，进而影响总的烘干时间。

表3-10　风速对烘干时间的影响

风速（±0.3m/s）	4.8	6.8	8.8	10.8
烘干时间（min）	95	60	55	70

如图3-8所示，风速过大（10.8m/s）或过小（4.8m/s），均不利于织物内水分的迅速迁移。当采用4.8m/s风速时，整体烘干时间最长（95min）。这是因为，风速较小，延长了烘干气流与烘干衣物发生热质交换后生成温湿气流的滞留时间，使温湿气流的含水率较高，致使织物内水分子向烘干气流的迁移阻力增加甚至出现水汽凝结现象，故降低了烘干过程的失水速率，延长了烘干时间。同时，结合图3-2织物表面温度曲线可知，风速为4.8m/s时，其表面温度较高（70℃）。而干衣机烘干属于一种典型的外部加热干燥方式，即热量是由湿物料的外部传入内部的，使湿物料形成内部大、外部小的水蒸气分压力差，水分以液态和气态两种形式由内部向外部移动，并通过湿物料表面汽化散发，使湿物料由表及里地得到烘干。显然，湿物料中存在内高外低的含水量梯度，而湿物料中的温度梯度又是外高内低的，根据水分子运动学的原理可知，含水量梯度迫使水分由内部向外部流动，而温度梯度却迫使水分由外部向内部移动，这种现象使得湿衣物的烘干过程不能均衡、连续地进行，致使能量浪费严重，烘干时间长且烘干不均匀。而且温度越高，这种现象越明显。相反，当采用较大风速（10.8m/s）时，烘干气流在筒内滞留时间过短，导致烘干气流携带的能量没有充分与织物充分交换，就离开了烘干腔体。织物的升温时间较长，织物需要升温到一定程度才能到达恒速烘干阶段，而升温阶段的失水速率较低，烘干效率也较低，也不利于织物内水分的迅速迁移，进而导致烘干时间较长。而且，当采用风速为10.8m/s时，在整个烘干过程中，织物表面温度较低（基本维持在30~40℃），也不利于织物内水分的蒸发，进一步延长了烘干时间（70min）。而采用中等风速（6.8m/s或8.8m/s）时，织物迅速升温到达最高温度，进入了恒速烘干阶段，此阶段的失水速率较大，有利于织物内水分迅速迁移，缩短了总的烘干时间。

此外，由图3-9所示，风速显著影响织物的失水速率，风速过大（10.8m/s）或者过小（4.8m/s）均不利于织物内水分的迁移。当风速为10.8m/s时，织物的失水速率较小，这是因为烘干气流在烘干筒内滞留时间较短，没有与湿织物进行充分的热质交换，就离开烘干筒。当风速为4.8m/s时，织物的失水速率较小，这是因为烘干气流在烘干筒内滞留时间过长，烘干气流所含水分过高，水蒸气分压过高，增加了织物内水分向烘干气流迁移的阻力。当风速为6.8m/s或8.8m/s时，织物瞬时含水率下降速率较快，烘干时间较短，且风速为8.8m/s时，织物瞬时含水率下降速率最快，烘干时间最短（55min）。

（二）风速对烘干能耗的影响

如表3-11所示，相比于中等风速（6.8m/s或8.8m/s），风速过小（4.8m/s）或当风速过大（10.8m/s），其烘干能耗均有一定程度的增加。因为风速过大，导致烘干气流与湿织物交换时间过短，交换不够充分，气流就离开烘干腔，进而导致烘干效率较低，即烘干时间呈一定程度的增加。当风速为4.8m/s时，烘干气流未能及时排出烘干腔，可能导致水汽凝结在烘干腔的筒壁上，降低了烘干效率，故烘干能耗增加。相反，当风速为中等风速

（6.8m/s或8.8m/s）时，不仅使织物与烘干气流充分交换，也延长了织物与烘干气流交换时间，进而导致烘干效率较高。因此，合理的风速，既不会导致烘干气流内水分含量过高，也不会导致烘干气流在筒内滞留时间过长或者过短，烘干效率较高，故烘干能耗较小。当风速在较小风速（4.8~6.8m/s）范围内，烘干能耗随着风速的增加会显著降低。因为风速显著影响烘干气流的蒸发潜力，显著影响失水速率，进而显著影响烘干能耗。但是超过这个范围，随着风速的增加，烘干能耗会有轻微增加，因为风速过大，使得烘干气流滞留时间过短，没有充分与织物交换就离开滚筒，能源利用率较低，进而导致烘干能耗较大。

表3-11　风速对烘干耗能的影响

风速（±0.3m/s）	4.8	6.8	8.8	10.8
烘干能耗（kW·h）	6.83	3.56	3.49	3.98

（三）风速对最终含水率的影响

由表3-12可知，在负载量、初始含水率、功率、滚筒转速相同的条件下，风速过大或过小均会导致织物最终水率过高。因为风速过大（10.8m/s），织物表面温度过低（图3-8），不能提供织物内结合水蒸发所需要的能量。风速过小（4.8m/s），烘干气流滞留时间过长，烘干气流的含水率过高，限制了织物内水分向空气中迁移的动力，进而导致织物最终含水率过高。

表3-12　风速率对最终含水率的影响

风速（±0.3m/s）	4.8	6.8	8.8	10.8
含水率（%）	4.27	2.79	2.98	3.21

（四）风速对烘干均匀性的影响

如表3-13所示，在负载量、初始含水率、功率、滚筒转速相同的条件下，风速对织物的烘干均匀性影响不大。因为风速不会影响烘干过程织物的运动模式，即在负载量、初始含水率、滚筒转速、加热丝功率相同的条件下，不论风速如何，在整个烘干过程中，织物的运动模式均保持滑移，旋转、抛撒、坠落交互循环的复合运动模式，其差异不大（图3-10）。而烘干均匀性主要与织物是否被均匀地抛撒以及是否与烘干气流进行充分交流有关，与织物的运动模式显著相关。故在遇到烘干均匀性问题时，应从织物运动模式的角度进行解决。

表3-13　风速对烘干均匀性的影响

风速（±0.3m/s）	4.8	6.8	8.8	10.8
含水率均匀度（%）	93.54	98.76	96.72	97.89

（五）风速对烘后平整度的影响

由表3-14可知，在负载量、初始含水率、功率、滚筒转速相同的条件下，风速为4.8m/s、6.8m/s、8.8m/s、10.8m/s时，其外观平整度依次为1.8、1.9、2.2、2.1。这说明随着风速的增加，织物烘后的外观平整度有轻微提高的趋势，但整体差异不大。因为平整度主要是织物在滚筒内的运动模式、受力情况及烘干后期织物表面温度复合作用的结果，而风速主要影响烘干气流在烘干筒内滞留时间，对织物的受力和运动模式（图3-10）几乎不产生影响，而对织物表面的温度产生轻微影响（图3-8）。结合图3-8织物表面温度变化曲线发现，随着风速的增加，织物表面温度呈逐渐下降趋势。这说明之所以风速增加使平整度有了轻微提高，是因为风速增加使织物表面温度下降。这也进一步证明温度是影响织物平整度的主要原因之一。而且对比中等风速（6.8m/s或8.8m/s）发现，当风速为6.8m/s时，织物表面的最高温度相对较高（55℃左右），升温速率较缓慢，烘干开始30min后，到达最高温度，并维持时间较长（40min），极易导致织物受损，尤其是热敏感织物。相反，当风速为8.8m/s时，织物表面的最高温度相对适中（在整个烘干过程中，织物表面较长时间维持在40~50℃），而且升温速度相对较快，烘干开始20min后，达到最高温度，且维持时间相对较短（35min），降低织物损伤的可能性。这也再次证明了温度越高，高温熨烫作用越明显，其平整度越差的结论。

表3-14　风速对烘后平整度的影响

风速（±0.3m/s）	4.8	6.8	8.8	10.8
平整度（级）	1.8	1.9	2.2	2.1
试样照片				

（六）风速对织物滚筒烘干动力学的影响机制

由图3-8~图3-10所示，风速会显著影响织物表面的升温速度和最高温度的数值、失水速率，而对织物的运动模式影响不大，其影响机制为：风速是通过影响烘干气流在滚筒内的滞留时间，进而影响织物表面的升温速度、升温时间、最高温度值及维持时间、失水速率，最终影响织物的烘干能耗、烘干时间、最终含水率和烘后平整度。

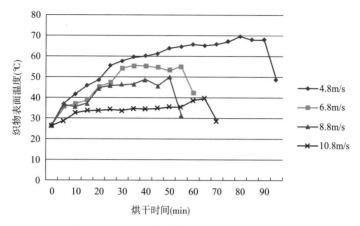

图3-8　不同风速下的织物表面温度变化曲线

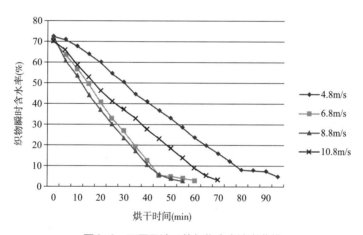

图3-9　不同风速下的织物失水速率曲线

测试指标 ＼ 风速	4.8m/s	6.8m/s	8.8m/s	10.8m/s
滚筒运动示意图				
运动效果	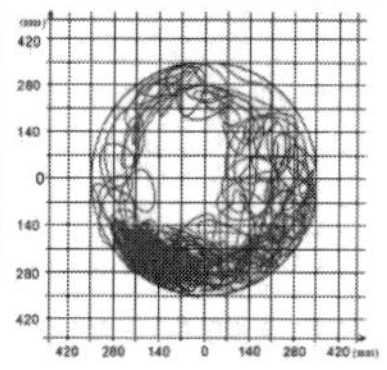	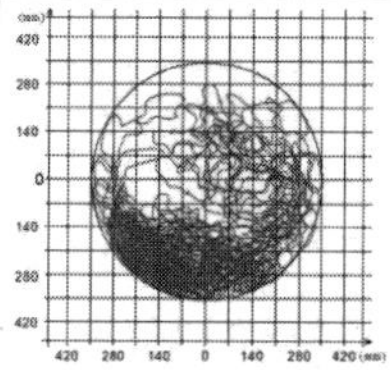	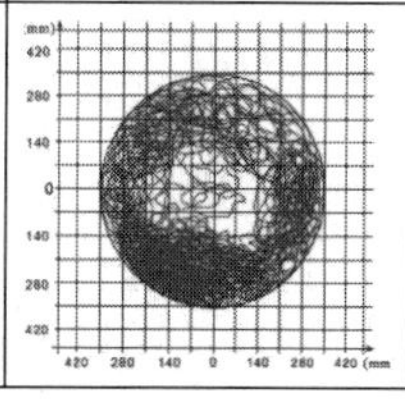	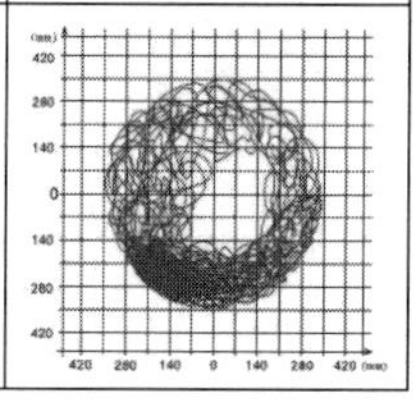

图3-10　不同风速下的织物运动模式

综上所述，风速，会显著影响烘干气流在烘干腔内的滞留时间，进而影响织物表面温度和织物的失水速率，最终影响烘干能耗、烘干时间、最终含水率及烘后织物的平整度，而且发现在负载量、初始含水量、加热丝功率和滚筒转速相同的情况下，风速过大（10.8m/s）或者过小（4.8m/s）均不利于烘干效率的提高。综合考虑烘干时间、烘干能耗、最终含水率、烘干均匀性和烘后平整度，确定最佳的风速应该是8.8m/s，而不是6.8m/s（目前干衣机常用风速）。

三、滚筒转速对织物滚筒烘干动力学的影响

在烘干负载为3.0kg、初始含水率为70%、加热丝功率为3500W、风速为8.8m/s条件下，分别选取滚筒转速为32~38r/min、42~48r/min、52~58r/min，进行滚筒转速单因素的织物烘干试验，测得不同转速下的烘干时间、烘干能耗、最终含水率、平整度，其详细结果如表3-16~表3-20所示。另外，为了从机理上揭示滚筒转速对各指标影响机制，还测试不同转速条件下，织物烘干曲线、织物表面温度特性曲线及织物运动模式（图3-11~图3-13）。

（一）滚筒转动对烘干时间的影响

如表3-15所示，在初始含水率、负载量、加热丝功率、风速相同的条件下，合理的滚筒转速（42~48r/min）可显著降低织物的烘干时间，而过高（52~58r/min）或过低（32~38r/min）的滚筒转速却会显著增加烘干时间。因为滚筒转速显著影响织物在烘干筒内的运动模式（图3-13），影响织物与烘干气流的接触面积，进而影响织物表面的升温速率、升温时间、最高温度的数值及最高温度维持时间、烘干过程的失水速率。滚筒转速过高（52~58r/min）或过低（32~38r/min）使织物表面温度过低（40℃左右），不能提供织物迅速蒸发所需要的能量，限制了织物内水分的蒸发，延长了烘干时间。而由图3-13可知，滚筒转速过大（52~58r/min）过小（32~38r/min），导致衣物一直处于抱团状态（烘干形态 I），而烘干又是一个明显的强迫对流，热质交换面积成为影响烘干的重要因素，且烘干厚度又是影响烘干时间、烘干能耗、烘干质量的决定因素。另外，对流烘干是一个从外到内依次进行热湿传递的过程。而转速过高或过低都会导致烘干厚度不合适，使织物的失水速率过低，延长了烘干时间。而过大或过小的滚筒转速导致织物表面温度过低（图3-11），不利于织物内水分的迁移。相反，合理的滚筒转速（42~48r/min）有利于织物在筒内充分的抛撒和铺展，使得织物的表面温度被显著提高，有利于织物内水分的迁移，进而导致总的烘干时间减少。

表3-15 滚筒转速对烘干时间的影响

滚筒转速（r/min）	32~38	42~48	52~58
烘干时间（min）	85	55	70

（二）滚筒转动对烘干能耗的影响

如表3-16所示，当滚筒转速在维持在42~48r/min时，衣物烘干时间最短。高于或低于这一转速值，衣物烘干能耗均会增加。因为当转速低于42~48r/min，滚筒不能带动衣物到达滚筒顶端，致使衣物多数时间滞留在滚筒底部（图3-13）。另外，由于衣物被滚筒带起的高度偏低，抛撒范围小，也导致衣物滞留在空中的时间较短，仅是其沉落在筒体和举升筋内时间的10%~12.5%，这必然也会造成干衣机烘干效率较低。因此，为了提高干衣机的热效率，提高筒内衣物的滞空时间，尽量增加衣物与热空气介质接触的时间和接触的面积，同时，也尽量减少不必要热损失。

相反，当滚筒转速高于42~48r/min时，由于受离心力作用，衣物紧贴筒壁（图3-13），也会导致衣物在筒内的抛撒范围小，且轴向流速较快，不能充分利用筒体截面，而且形成明显的热烟气"矢盛路（指在筒界面上，未出现衣物部分，而形成的烘干热气流直接离开烘干腔的空洞）"通道，减少了衣物和热介质接触的机会，进而大大降低了失水速率，增加了能耗。

表3-16 滚筒转速对烘干能耗的影响

滚筒转速（r/min）	32~38	42~48	52~58
烘干能耗（kW·h）	4.02	3.41	3.98

（三）滚筒转动对最终含水率的影响

由表3-17可知，滚筒转速会显著影响织物的最终含水率，因为滚筒转速过大或过小，均会导致衣物在桶内的抛撒范围小，且轴向流速快，不能充分利用筒体截面，而且形成明显的热烟气"矢盛路"通道，减少了衣物和热介质接触的机会，进而大大降低了烘干效率，使得最终含水率过高。当采用中等转速（42~48r/min）时，织物与气流对流充分，进而导致烘干结束时的最终含水率较低。

表3-17 滚筒转速对最终含水率的影响

滚筒转速（r/min）	32~38	42~48	52~58
最终含水率（%）	6.78	2.31	5.67

（四）滚筒转速对烘干均匀性的影响

由表3-18可知，滚筒转速显著影响织物的烘干均匀性。因为滚筒转速显著影响织物在筒内的抛撒状态，滚筒转速过小，织物几乎处于烘干腔的底部，不能充分铺展，而过大导致织物紧贴筒壁，也不能充分铺展。这两种情况，均是只有处于表面的织物能与烘干气流交换充分，含水率较低；内部的织物不能与烘干气流充分交流而含水率较高，进而导致烘干不均匀（图3-13）。相反当滚筒转速为42~48r/min时，织物在整个烘干过程被均匀抛撒，烘干气流不断地与每块织物充分对流，进而提高了织物的烘干均匀性。

表3-18　滚筒转速对烘干均匀性的影响

滚筒转速（r/min）	32~38	42~48	52~58
含水率均匀度（%）	95.91	98.02	95.51

（五）滚筒转速对平整度的影响

由表3-19可知，滚筒转速会显著影响织物烘后的平整度。因为滚筒转速影响织物的运动模式。当转速为42~48r/min时，其平整度最高（2.1）。这是因为，此转速使织物抛撒最充分，织物翻滚更充分，织物受力更均匀，降低了一块织物总是受力的可能，故平整度较高。当转速过大（52~58r/min）时，织物平整度最差（1.2）。因为转速越大，离心力越大，当衣物受离心力作用，长期紧贴筒壁，造成衣物一直处于单方向受力状态。换句话说，衣物近似在一个强大外力作用下的折叠熨烫过程，这样很容易造成较深折痕，宏观表现就是平整度较差。

表3-19　滚筒转速对平整度的影响

滚筒转速（r/min）	32~38	42~48	52~58
平整度（级）	1.6	2.1	1.2
试样照片			

（六）滚筒转速对烘干动力学的影响机制

由图3-11可知，在三种转速下，当滚筒转速为42~48r/min时，织物的表面温度最高

（50℃左右）；滚筒转速过高（52~58r/min）或过低（32~38r/min），织物表面温度均过低（40℃左右），不能提供织物迅速蒸发所需要的能量，限制了织物内水分的蒸发，降低了烘干效率。

由图3-12所示，滚筒转速显著影响织物瞬时含水率的下降速率，滚筒转速过大（52~58r/min）或过小（32~38r/min）均不利于织物瞬时含水率的迅速下降。因为转速过大导致离心力过大，织物紧贴筒壁旋转，织物不能铺展，充满滚筒界面，烘干效率较低。当转速过小时，织物主要集中在滚筒底部，也不能充满整个烘干界面，减少了织物与烘干气流的接触面积、接触时间，烘干效率也不高。此外滚筒转速也会影响织物在空中滞留时间，不同的转速，其织物被举升筋举起的高度不同。一般而言，织物被举升筋举起的高度越高，滞留时间越长，越有利于烘干效率的提高。

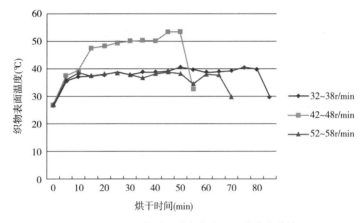

图3-11　不同转速下的织物表面温度变化曲线

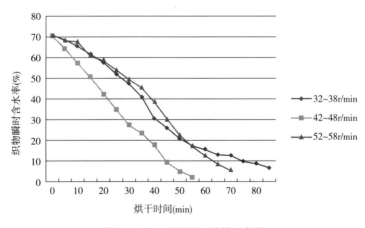

图3-12　不同转速下的烘干曲线

由图3-13可知，在三种转速下，只有当滚筒转速为42~48r/min时，织物基本维持复合运动模式（运动模式Ⅱ和运动模式Ⅲ）、织物抛撒最充分。而转速过大（52~58r/min）或过小（32~38r/min），织物均遵循单一运动模式，即转速过大（52~58r/min），织物维持运动模式Ⅳ；转速过小（32~38r/min），织物维持运动模式Ⅰ。结合表3-16~表3-20的烘干效率结果可知，转速为42~48r/min的烘干效率明显优于其他两种转速的烘干效率。这说明复合运动模式（Ⅱ和Ⅲ）的烘干效率明显高于单一滑动或者旋转运动模式（模式Ⅰ和模式Ⅳ）。模式Ⅱ和模式Ⅲ由于呈现更加复杂的织物运动而使得烘干效率达到最高。因为在单一运动模式中，织物的运动状态是有限的，并且织物所受机械力的位置不会发生改变，更容易导致织物烘后外观平整度较差。换句话说，在单一运动模式下，织物抛撒不充分，织物紧贴筒壁或者堆在滚筒底部，不能直接与热气接触，热质交换不充分，故其表面温度、失水速率下降，进而导致织物内水分迁移速率下降。然而，在复合运动模式中，织物的运动状态是多样的，并且织物所受机械力的位置也会持续变化，不仅烘干效率高而且烘后外观平整度更高。因此，最佳的运动模式应该是织物被抛撒、充分铺展充满整个筒体截面空间、适中的空中滞留时间和烘干气流与衣物作用时间、尽量高的抛撒高度和尽量多的翻滚次数。而且，织物抛撒状态显著影响织物烘干效率，织物抛撒越充分，烘干气流与织物的接触面积越大，两者交换越充分，传热传质效果越好，排气口处空气温度越低；抛撒不充分，不利于热交换的进行，大部分烘干气流来不及与织物接触就直接从烘干筒排出，排气口处空气温度过高，造成热能的浪费。因此，织物均匀抛撒也是提高烘干效率、节约能源重要途径。

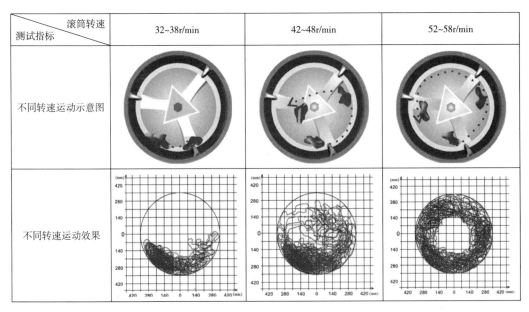

图3-13　不同转速下的织物运动模式

　　综上所述，滚筒转速会显著影响织物在滚筒内的运动模式、抖散程度、铺展面积，进而影响烘干气流与织物交换面积、织物在筒内的坠落高度及空中滞留时间、织物的表面温度、失水速率，最终影响织物总的烘干时间、烘干能耗、最终含水率、烘干均匀性、烘干后的平整度，尤其是织物烘干均匀性和烘干时间。综合考虑烘干能耗、烘干时间、最终含水率、烘干均匀性和烘后外观平整度，可以确定，最佳的滚筒转速应该是42~48r/min。

四、滚筒旋转情况对织物滚筒烘干动力学的影响

在样品尺寸为38cm×38cm，负载量为3.0kg，初始含水率为70%，加热丝功率为3500W，风速为8.8m/s，滚筒转速为42~48r/min的试验条件下，进行滚筒转动情况分别为静止、单方向旋转、正反交替旋转的单因素试验，测试了不同旋转情况下的烘干时间、烘干能耗、烘干均匀性、最终含水率和烘后平整度，其结果如表3-20~表3-24所示。另外，为了详细解释滚筒旋转方向对各指标影响机制，还在测试不同旋转情况条件下，织物烘干曲线、织物表面温度特性曲线及织物运动模式，具体结果分别如图3-14~图3-16所示。

（一）滚筒旋转情况对烘干时间的影响

如表3-20所示，在负载量、初始含水率、加热丝功率、风速相同的条件下，静止悬挂烘干需要时间最多（100min）；单方向旋转烘干需要时间次之（55min）；而正反交替旋转烘干需要时间最少（45min）。换句话说，相比于单方向旋转烘干，采用正反交替烘干可以节约18.1%的烘干时间。这是因为正反交替旋转可以最大限度地抖散衣物，增加织物与热气流接触的面积（图3-16），进而提高了烘干效率，进而节约了烘干时间。此外，结合图3-15发现，三种滚筒旋转情况，只有正反交替旋转能保持整个烘干的烘干速率恒定，几乎全程处于恒速烘干阶段，而其他两种旋转情况均出现明显的降速烘干阶段，尤其是静止悬挂烘干，降速烘干阶段长达30min（30%的总的烘干时间），故正反交替旋转情况的烘干时间最短。

表3-20　滚筒旋转情况对烘干时间的影响

滚筒旋转情况	静止悬挂	单方向	正反交替
烘干时间（min）	100	55	45

（二）滚筒旋转情况对烘干能耗的影响

如表3-21所示，在负载量、初始含水率、加热丝功率、风速相同的条件下，静止悬挂烘干需要时间能耗最多（4.98kW·h）；单方向旋转烘干需要时间能耗次之（3.78kW·h）；而正反交替旋转烘干需要能耗最少（3.31kW·h）。相比于单方向旋转烘干，采用正反交替烘干可以节约12.4%的烘干时间。这是因为正反交替旋转可以最大限度地抖散衣物，增加织物与热气流接触的面积（图3-16），进而提高了烘干效率，降低了耗能。此外，相比于单方向旋转和静止，正反交替旋转，织物抛撒更充分，烘干厚度最小，烘干气流与织物接触更充分，表面温度更高（图3-14），更有利于织物内水分的蒸发，这也进一步降低了能耗。

表3-21　滚筒旋转情况对烘干能耗的影响

滚筒旋转情况	静止悬挂	单方向	正反交替
烘干能耗（kW·h）	4.98	3.78	3.31

（三）滚筒旋转情况对最终含水率的影响

如表3-22所示，在负载量、初始含水率、加热丝功率、风速相同的条件下，静止悬挂最终含水率最高（6.89%），单方向旋转的最终含水率次之（2.63%），而正反交替旋转最终含水率最低（1.12%）。这说明正反交替旋转可极大地降低织物的最终含水率。因为正反交替旋转可以最大限度地抖散衣物，增加织物与热气流的接触面积、接触时间（图3-16），织物内水分迁移的更充分、更均匀，极大地降低了最终含水率。此外，相比于单方向旋转和静止，正反交替旋转时织物抛撒得更充分，烘干厚度最小，烘干气流与织物接触更充分，表面温度更高（图3-14），更有利于织物内水分的迁移，这也进一步降低了最终含水率。

表3-22　滚筒旋转情况对最终含水率的影响

滚筒旋转情况	静止悬挂	单方向	正反交替
最终含水率（%）	6.89	2.63	1.12

（四）滚筒旋转情况对烘干均匀性的影响

由表3-23可知，在负载量、初始含水率、加热丝功率、风速相同的条件下，静止悬挂烘干均匀性最差，其次是单方向旋转，正反交替旋的烘干均匀性最好。因为烘干气流在烘干腔内的分布极不均匀，越靠近加热丝，气流温度越高。而静止悬挂情况下，织物被固定在烘干架上，织物不能运动，因此织物的失水情况完全取决于织物所在空间附近气流的状态。换句话说，静止悬挂织物是"被动"地接受这种热量分布不均匀的情况，不能"主动"地打破这种热量分布不均匀的情况。而且织物全部被夹持在烘干架上，其烘干厚度较厚，进一步加剧了各织物受热不均匀的情况。但是在正反交替和单方向旋转时，织物一直处于不断运动的状态，织物会在筒内不同的区域分布，极大缓解了织物受热不均匀性的情况，故烘干均匀性较高。而且，相比于单方向旋转，正反交替旋转又可以最大限度地抖散衣物，增加织物与热气流的接触面积、接触时间，降低烘干厚度，降低织物因堆叠形状差异造成的受热不均匀（图3-16），故正反交替旋转的烘干均匀性最高。

表3-23   滚筒旋转情况对烘干均匀性的影响

滚筒旋转情况	静止悬挂	单方向	正反交替
烘干均匀度（%）	90.12	97.89	99.97

（五）滚筒旋转情况对烘后平整度的影响

如表3-24所示，滚筒旋转情况显著影响织物烘后的平整度。这就表示如果烘干对外观平整度要求较高的织物，采用正反交替旋转的烘干方式可以极大地提高烘后外观平整度。因为正反交替旋转可以缓解因单方向旋转导致的缠绕，同时降低因单方向旋转产生的折痕，减小在烘干高温高湿环境中被定型的可能，提高织物的平整度（图3-16）。同时还发现，滚筒一旦转动，不论旋转方向如何，其外观平整度均低于静止悬挂晾干的平整度。因为静止悬挂的织物在晾干过程中，是完全铺展的，完全避免了折痕的形成。而滚筒一旦旋转起来，其织物就不是完全铺展的，而是有一定的折叠，烘干又是一个高温高湿的环境，很容易导致折皱被保留下来。

表3-24   滚筒旋转情况对平整度的影响

滚筒旋转情况	静止悬挂	单方向	正反交替
平整度（级）	3.5	1.9	2.8
试样照片			

（六）滚筒旋转情况对织物滚筒烘干动力学的影响机制

由图3-14~图3-16可知，在三种旋转情况下，静止悬挂的织物表面温度较低，单方向旋转和正反交替旋转的织物表面温度稍高。而且，静止悬挂的织物失水速率明显低于正反交替和单方向旋转的失水速率（图3-15）。此外，在三种旋转情况下，正反交替旋转情况的织物抛撒及织物在料幕中分布最均匀（图3-16）。由烘干理论可知，温度、烘干气流与织物的接触面积、接触时间是决定烘干效率的关键因素，故正反交替旋转的烘干效率最高。

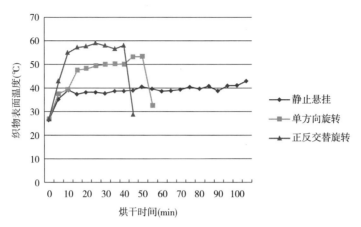

图3-14　不同旋转情况下的织物表面温度变化曲线

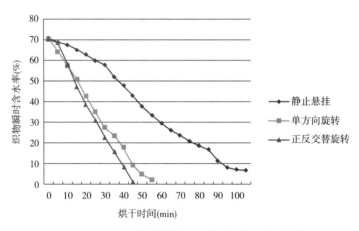

图3-15　不同滚筒旋转情况下的织物失水速率曲线

滚筒旋转情况 测试指标	静止悬挂	单方向旋转	正反交替旋转
滚筒旋转情况示意图			
滚筒旋转情况运动效果	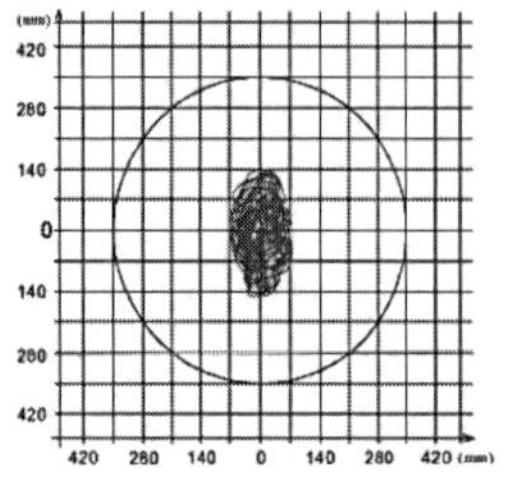	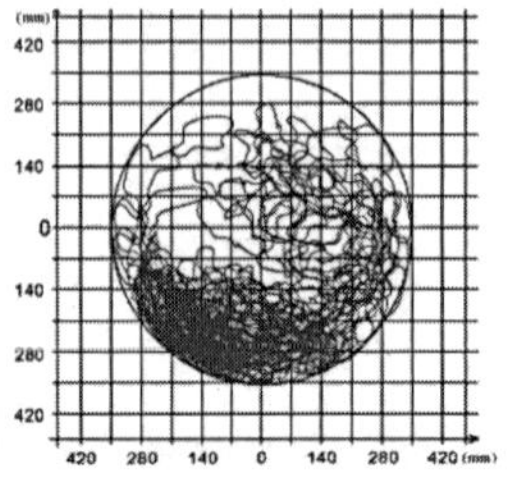	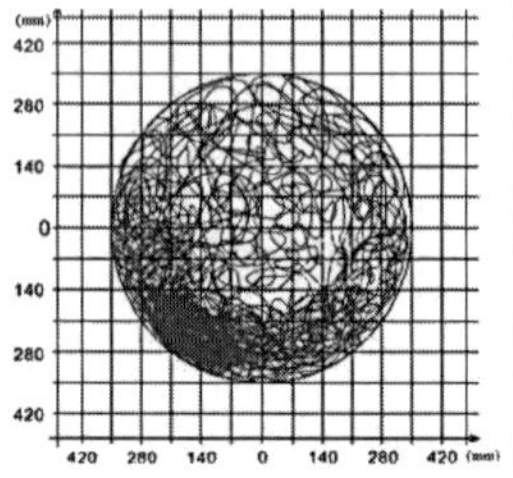

图3-16　不同旋转情况下的织物运动模式

综上所述，滚筒旋转情况显著影响织物在筒内的运动模式、铺展面积、抖散程度、烘干厚度，进而影响织物表面温度、织物失水速率，最终影响烘干时间、烘干能耗、最终含水率、烘干均匀性、平整度，尤其是烘干均匀性。综合考虑烘干时间、能耗、最终含水率、烘干均匀性、平整度，确定正反交替旋转是最佳的滚筒旋转方式，而不是单方向旋转（目前干衣机普遍采用的旋转方式）。

本章小结

织物滚筒烘干是织物受热、织物运动模式、织物受力复合作用的结果。其中，织物受热影响织物表面温度和织物内水分含量变化。织物运动模式影响织物抛撒面积、烘干气流与织物接触面积、接触时间；织物受力情况影响织物的运动模式及织物烘后性能。织物滚筒烘干的加热方式属于强迫对流加热方式；其运动模式依据织物在滚筒内移动距离，可划分为滑动、坠落、滞留、旋转形态；其织物受力情况依据动力源可分解为离心力、摩擦力、重力。

此外，通过对加热丝功率、风速、滚筒转速及滚筒旋转情况的研究，明确了加热丝功率主要是通过影响织物表面温度、失水速率，进而影响烘干时间、能耗、最终含水率、平整度，尤其是烘干时间。风速主要是通过影响烘干气流在桶内的滞留时间，进而影响织物表面温度、失水速率，最终影响烘干时间、能耗、最终含水率、平整度，尤其是烘干时间和烘干能耗。滚筒转速主要是通过影响织物在筒内的运动模式、铺展程度，进而影响烘干时间、能耗、最终含水率、烘干均匀性、平整度，尤其是烘干能耗、烘干时间、烘干均匀性。滚筒旋转情况主要是通过影响织物在筒内的运动模式、铺展程度、烘干厚度，进而影响烘干时间、能耗、最终含水率、烘干均匀性、平整度，尤其是烘干均匀性。

综合考虑干衣机的烘干时间、能耗、织物的最终含水率、烘干均匀性、平整度，确定各因素的最佳水平：加热丝功率为3500W、风速为8.8m/s、滚筒转速为42~48r/min、滚筒旋转方式为正反交替旋转。

第四章

烘干物料特性参数对织物滚筒烘干动力学影响研究

由烘干理论可知，织物滚筒烘干动力学研究实质就是研究烘干参数与织物烘干效率的关系。而影响织物烘干效率的关键因素是烘干气流的温度、织物与烘干气流的接触时间（烘干气流在桶内的滞留时间）、接触面积、烘干气流与织物的温度差、湿度差。而这些关键因素既与干衣机设备相关参数（加热丝功率、风速、转速及其转动方向运行情况）紧密相关，也与烘干对象——织物参数（织物组织结构参数、初始含水率、负载量、样块大小）息息相关。由于第三章已进行了干衣机设备相关参数对烘干效率影响机制研究，因此，本章主要研究在滚筒干衣机结构参数一定的条件下，烘干物料特性（织物组织结构参数、初始含水率、负载量、样块大小）对烘干速率的影响规律，即以织物组织结构参数、初始含水率、负载量、样块大小为试验变量，测试不同条件下的烘干能耗、烘干时间、烘干均匀性、烘后外观平整度。并从织物运动、织物表面温湿度变化的角度进一步揭示织物相关特性对烘干效率的影响机制。

第一节　烘干物料特性参数对织物滚筒烘干动力学影响测试

一、试验材料及预处理方法

（一）试验材料

1. 试验样品

基于预试验结果和文献回顾，选择从杭州通惠面料公司购买的四种未经抗皱整理的纯棉织物作为试验样品进行相关烘干过程运动模式研究，试验样品的具体参数如表4-1所示，并用一个红色的38cm×38cm的纯棉织物作为追踪样品，且从烘干效率角度评价其运动状态是否合理。

表4-1 纯棉面料结构参数一览表

样品	组织	线密度（tex）		密度（根/10cm）		捻度（捻/10cm）		厚度（mm）	单位面积质量（g/m²）
		经向	纬向	经向	纬向	经向	纬向		
C1	平纹	9.84	9.71	243	211	103	90	0.16	81.53
C2	平纹	9.86	9.72	303	269	121	118	0.23	118.58
C3	平纹	12.78	13.11	283	86	95	94	0.50	141.54
C4	平纹	23.61	23.61	357	226	45	60	0.54	182.64

2. 陪洗布

本节所用陪洗布同"第三章第三节一、（一）"所用陪洗布。

（二）预处理方法

本节预处理同"第三章第三节一、（二）"所用预处理方法。

二、试验装置及仪器设备

本节所用试验装置及仪器设备同"第三章第三节二、"所用试验装置及仪器设备。

三、试验方法

（一）试验方案

为了研究织物特性参数与织物烘干时间、烘干能耗、烘干均匀性、烘后外观性能之间的关系，以及提高试验效率，本次选用单位面积质量、织物初始含水率、织物尺寸、负载量作为试验变量的单因素试验方案，具体试验方案中的织物特性参数如表4-2所示。

表4-2　织物特性参数

试验序号	样品种类	初始含水率（±5%）	织物尺寸（cm×cm）	负载量（±0.01kg）
1	C1	70	38×38	3.0
2	C2	70	38×38	3.0
3	C3	70	38×38	3.0
4	C4	70	38×38	3.0
5	C3	90	38×38	3.0
6	C3	110	38×38	3.0
7	C3	70	60×60	3.0
8	C3	70	80×80	3.0
9	C3	70	38×38	1.0
10	C3	70	38×38	7.0

最后，必须指出，上述所有的烘干特性试验均是在自行搭建烘干平台上完成。其烘干参数均为：加热丝功率3500W、风速8.8m/s、转速42~48r/min。

（二）测试方法

本节所用测试方法同"第三章第三节三、（二）"所用测试方法。

第二节　烘干物料特性参数对织物滚筒烘干动力学影响分析

一、单位面积质量对织物滚筒烘干动力学的影响

为了探究织物种类对织物烘干效率影响规律，选择四种未经抗皱整理的纯棉织物作为试验样品进行试验。试验所采用的烘干程序为加热丝功率4000W，滚筒转速42~48r/min，风速8.8m/s。试验负载量为3.0kg，初始含水率70%。测试不同织物的烘干时间、烘干能耗、烘干均匀性、最终含水率和烘后平整度，其结果如表4-3~表4-7所示。并结合织物温湿度、运动形态从机理上揭示不同织物烘干效率存在差异的原因，其织物温湿度、运动模式如图4-1和图4-2所示。

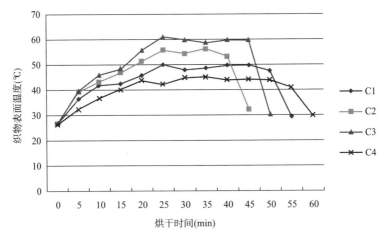

图4-1 不同单位面积质量条件下的织物表面温度变化曲线

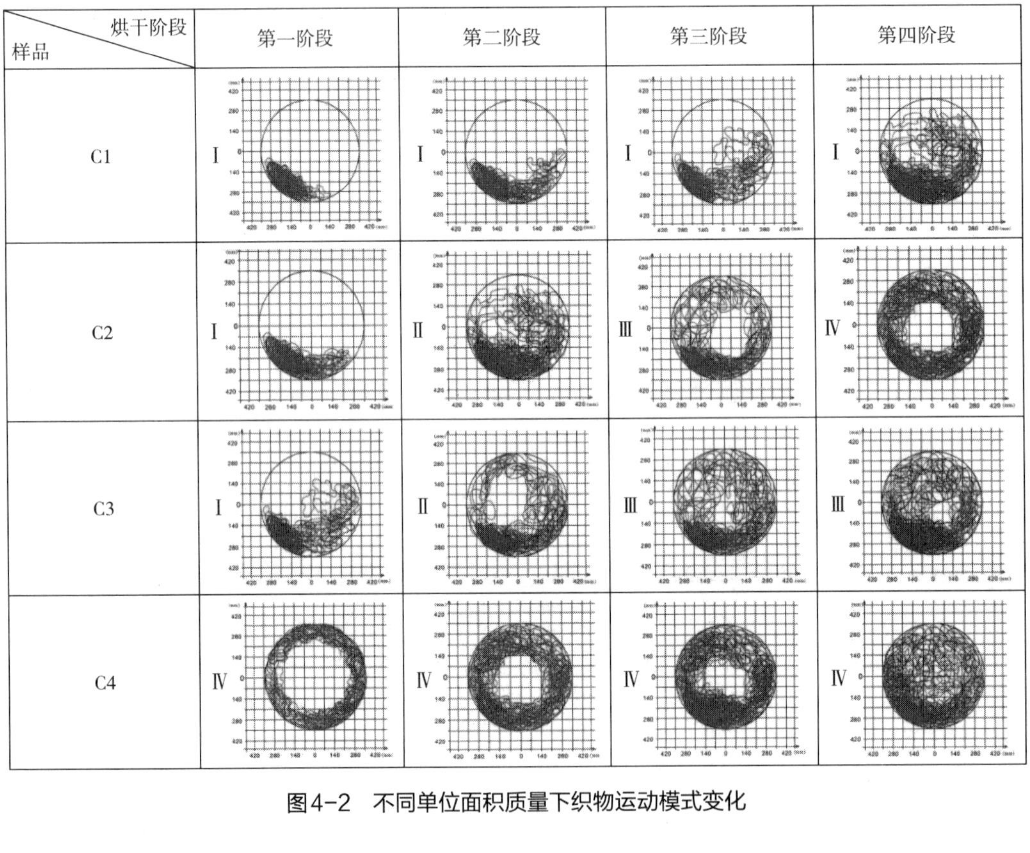

样品 \ 烘干阶段	第一阶段	第二阶段	第三阶段	第四阶段
C1	I	I	I	I
C2	I	II	III	IV
C3	I	II	III	III
C4	IV	IV	IV	IV

图4-2 不同单位面积质量下织物运动模式变化

（一）单位面积质量对烘干时间的影响

如表4-3所示，除特薄面料C1外，其他三种面料，均表现随着织物单位面积质量的增加，其烘干时间有轻微增加趋势。因为厚重织物吸收的水分多，需要移除水分多，因而需要更多的烘干能量。织物烘干是一个水分不断蒸发的过程，即外部的水分向空气中扩散而内部的水分向表面扩散，织物厚度越厚，织物之间的空隙越小，空气的流动就会相应减弱，织物蒸发的面积就会减小，故烘干效率下降。而且纤维的导热系数远低于空气的导热系数，即织物越厚，其传导热量的能力越差，越不利于烘干，故烘干时间越长。当织物特薄时，织物很容易纠缠在一起，也会限制水分的蒸发和热量传递，故烘干时间延长。另外，结合图4-2织物运动模式，C1面料在整个烘干过程中，基本上都是单一的滑动运动，而且随着烘干阶段的进行，织物仅有轻微的提升。必然导致衣物与烘干气流的接触面积较小、接触时间较短、烘干效率低下，导致排除相同的水分需要更长的烘干时间、更多的能量。C2面料在整个烘干过程中从单一运动的滑动，逐渐转变成复合运动模式（Ⅱ和Ⅲ），这是因为随着织物厚度及悬垂系数的增加，织物所受的来自干衣机的离心力增加，会导致滑动运动减少和坠落及旋转运动增多。而坠落运动和旋转运动可为增加烘干气体与衣物的交互面积提供条件，进而提高织物烘干效率缩短、烘干时间。C3面料在整个烘干过程中经历了复合运动模式（Ⅱ和Ⅲ），增加了织物在滚筒内的抛撒次数、接触面积及空中滞留时间，提高了烘干效率，进而减少了烘干时间、烘干能耗、衣物磨损、烘干后的最终含水率。C4面料在整个烘干过程中基本都保持着紧贴筒壁的旋转运动模式（Ⅳ），这种运动模式限制了织物与热空气的交换，不可避免地增加了烘干时间。

表4-3 单位面积质量对烘干时间的影响

织物	C1	C2	C3	C4
烘干时间（min）	55	45	50	60

（二）单位面积质量对烘干能耗的影响

由表4-4所示，当面料的单位面积质量达到一定数值后，织物单位面积质量越大，其烘干能耗越大。因为单位面积质量越大，织物越厚，织物内纱线空隙越小，纱线排列越紧密，而纤维的热传导能力远低于空气的热传导能力，故织物越厚，热量传递速率越慢。而织物烘干又是一个因受热而使内部水分蒸发的过程，故织物单位面积质量越大，织物烘干效率越低，烘干能耗越大。同时当织物单位面积质量特小时，预示着织物特薄，织物容易揉成一团不易打开，极大地降低了织物与烘干气流交换的面积，而烘干又是一个热气流与织物进行热湿交换的过程，故烘干效率下降，烘干能耗增加。此外，结合图4-1，C1面料在整个过程中大部分时间属于滑移模式Ⅰ（单一运动），C4面料在整个过程中大部分时间属于旋转模式Ⅳ（单一运动），而C2和C3面料在整个烘干过程中，均表现复合运动模式（Ⅱ或Ⅲ）。当织物做单一运动模式时，其交换面积受限，抛撒不充分，故烘干效率较低，烘干耗能较大。而复合运动模式（Ⅱ和Ⅲ），织物与烘干气流的交换面积较大，空中滞留时间较长，均有利于织物烘干效率的提高，故烘干耗能降低。

表4-4　单位面积质量对烘干能耗的影响

织物	C1	C2	C3	C4
烘干能耗（kW·h）	3.78	3.45	3.56	3.98

（三）单位面积质量对最终含水率的影响

由表4-5可知，四种面料中，C1面料的最终含水率最高，其次是C4面料的含水率，C2和C3面料的最终含水率较低。这是因为织物越厚，织物的紧度越大，而棉纤维属于亲水性纤维，织物内部的结合水越多（相比于自由水，结合水较难去除），导致织物最终含水率增加。此外，结合图4-1织物表面温度，织物越厚，其表面温度越低，故最终含水率越高。而当织物较轻薄时，其最终含水率也较高，这是由织物不能较好的铺展和织物容易抱团造成的。同时，结合图4-3，C1和C4面料的烘干过程，单一运动模式出现的频率较高，限制了织物与烘干气流的热质交换，故最终含水率较高。C2和C3的烘干过程，均属于复合运动模式，其热质交换较充分，故最终含水率较低。

表4-5　单位面积质量对最终含水率的影响

织物	C1	C2	C3	C4
最终含水率（%）	3.75	2.91	2.35	3.06

（四）单位面积质量对烘干均匀性的影响

由表4-6可知，在同样的烘干条件下，C1和C4面料的烘干均匀性低于C2和C3面料。这是因为C1和C4面料的烘干过程（图4-2），单一运动模式出现的频率较高，限制了其在筒内的活动范围，而负载量是固定的，故单位空间内填充的织物量较多（织物出现区域），织物烘干厚度增加。而烘干是一个由外向内逐渐加热的过程，处在内部的织物获得的热量较少，含水率较高；处在外部的织物获得热量较多，含水率较低，故烘干均匀性较差。C2和C3面料的烘干过程，织物维持复合运动模式的时间较长，织物均匀地分布在烘干筒内，热湿交换较充分，故烘干均匀性较好。

表4-6　单位面积质量对烘干均匀性的影响

织物	C1	C2	C3	C4
烘干均匀度（%）	97.89	98.09	98.49	96.97

（五）单位面积质量对平整度的影响

由表4-7可知，在四种面料中，C1和C4面料的平整度较差，C2和C3面料的平整度差异不大。这是因为C1和C4面料经历的是单一运动模式，在单一运动模式过程中，织物一直处于被折叠的状态，很容易出现长的折痕，故平整度较低。而且织物紧贴筒壁，也会出现筒壁的熨烫作用，进一步降低了平整度。相反，复合运动模式，织物抛撒较均匀，不会紧贴筒壁，织物不会出现筒壁高温定型的作用，故平整度较高。而且，织物在烘干过程，抛撒均匀，不会抱团，进一步提高了平整度。对比C2和C3面料，可知，C3平整度稍高于C2平整度。这是因为织物起皱是拉伸与压缩两种性质的外力复合作用的结果。织物越厚，当织物弯曲时，其外侧的纤维越容易发生弯曲损伤，越易形成难以回复的折痕，故在一定程度上降低了平整度。同时，织物外观平整度也会随着纱线经向捻度的增大而提高，这主要是由纱线的经向捻度对织物的折皱弹性的影响造成的：在一定捻度范围内，随着纱线捻度的增加，织物缓弹性回复角逐渐增加，因为当纱线的捻度过小时，组成纱线的纤维较为松散，相互之间的抱合力小，导致织物的回弹性较差，纱线在外力的作用下很容易被压扁产生变形。随着纱线捻度的增加，纤维之间的抱合力以及纱线的抗弯刚度均会随之提高，织物抗弯曲形变的能力增大，折皱不易形成。换句话说，纱线捻度增加，一定程度上提高了平整度。结合表4-1可知，C2面料的纱线捻度较高，织物较薄，因纱线捻度较高导致的平整度下降抵消了织物较薄，平整度较高的趋势，故平整度也基本维持在2.0左右。而C3面料织物较厚、纱线捻度较高，因织物较厚导致的平整度下降抵消了捻度较低平整度增加的趋势，故平整度变化不大。

表4-7　单位面积质量对平整度的影响

织物	C1	C2	C3	C4
平整度（级）	1.6	2.1	2.2	1.7
试样照片				

（六）单位面积质量对织物滚筒烘干动力学的影响机制

由图4-1可知，织物过薄或过厚，其表面温度均较低，这说明单位面积质量会在一定程度上影响织物表面温度。具体来说，C1和C4面料的表面温度低于C2和C3面料的温度，其中C4面料温度最低。这是因为C1和C4面料均经历的单一运动模式热质交换程度低于复合运动模式的交换程度，故表面温度较低，因而其烘干效率也低于复合运动模式的面料（C2和C3面料）。

由图4-2可知，单位面积质量会显著影响织物的运动模式、抛撒状态和织物在筒内的分布密度。而且，随着烘干的进行，织物的运动模式、抛撒状态和织物在筒内的分布密度也会发生变化。

具体来说，C1面料在整个烘干过程中，基本都在做滑动运动（运动模式Ⅰ）。因为C1织物重量轻且摩擦系数低，没有足够的摩擦导致它不能随着举升筋旋转而只能滑动。另外，在烘干初期，织物的含水率较高，织物表面有一层薄薄的水膜，水膜会增加织物表面的黏滞力和破团阻力，必然导致湿衣物黏附在一起而停留在干衣机底部。另外，如图4-3所示，虽然织物在整个烘干过程中都处于滚筒底部做滑动运动，但是随着烘干的进行，织物的滑动面积逐渐增大。这也充分证明摩擦系数很小的织物也可通过减少其自身水分重量来增大随举升筋移动的距离。

C2面料在烘干初期（第一阶段），基本处在干衣机的第三象限，仅做滑动运动，但是滑动距离明显大于面料C1。这是因为随着织物单位面积质量和悬垂性系数的增加，织物受到的来自干衣机的离心力也随之增大，这样使得织物能够随着干衣机一起滑动且移动的距离变得更长。在恒速烘干阶段（第二阶段），织物C2由滑动运动转变成烘干形态Ⅱ（滑动+坠落）。这是因为随着织物烘干的进行，重量也随之减少，这样织物受到的来自干衣机的离心力随之减少的程度小于由于烘干进程织物失水减少的重力，这就导致织物旋转运动状态的增多。另外，随着烘干的进行，织物受到的来自干衣机的力不能均匀地分给干燥腔内所有织物，这样，位于干衣机滚筒中心、不能受到离心力作用的织物会对受到离心力作用的织物运动造成干扰。因为这种干扰，滑动和坠落的运动状态增多从而出现了运动模式Ⅱ。在降速烘干阶段（第三阶段），织物运动形式基本按照烘干形态Ⅲ（滑动+坠落）。这是因为随着烘干的进行导致了织物所受离心力的相对增加，这样不但减少了滑动的产生而且会出现许多坠落和旋转的运动状态，即出现了运动模式Ⅲ。在吹冷风阶段（第四阶段），织物运动形式基本按照烘干形态Ⅳ旋转。这是因为随着烘干的进行，织物内的水分几乎全部移除，此时织物自身的重力达到最小值，而表面摩擦力和离心力之和却达到最大值，导致织物重复出现依附于筒壁且不改变轮廓的旋转运动状态。

C3在整个烘干过程中基本都保持在运动模式Ⅱ和运动模式Ⅲ。这是因为随着织物单位面积质量、织物湿重和表面摩擦系数的增加，提供了织物发生运动模式Ⅱ（滑动+坠落）和运动模式Ⅲ（旋转+坠落）所需的摩擦力和离心力。而且，随着烘干的进行，离心力作用引起的旋转运动出现的频率逐渐增加。

C4面料已经具备产生旋转所必需的摩擦力和离心力。因此，该织物在整个烘干过程中基本都是旋转运动。而且随着烘干的进行，织物铺展面积逐渐增大，不断充满整个烘干腔体。

综上所述，单位面积质量通过影响织物表面温度、织物运动模式、抛撒程度、织物扫过腔体的面积，进而影响烘干时间、烘干能耗、最终含水率、烘干均匀性及平整度，尤其是烘干时间、烘干能耗。这也充分说明了针对特定织物进行烘干程序研发的重要性。

二、初始含水率对织物滚筒烘干动力学的影响

在样品尺寸为38cm×38cm，负载量为3.0kg，初始含水率为70%，加热丝功率为3500W，风速为8.8m/s，滚筒转速为42~48r/min的试验条件下，进行初始含水率分别为70%、90%、110%的单因素试验，测试了在不同初始含水率条件下的烘干时间、烘干能耗、最终含水率、烘干均匀性和烘后平整度，其结果如表4-8~图4-12所示。另外，为了详细解释初始含水率对各指标的影响机制，还测试了不同初始含水率下的织物烘干曲线、织物运动模式，分别如图4-3、图4-4所示。

（一）初始含水率对烘干时间的影响

由表4-8可知，随着初始含水率增加，烘干时间明显增加。例如，初始含水率从70%增加到90%，烘干时间延长10%；初始含水率增加到110%，烘干时间延长20%。这是因为，在外界条件一定的条件下，烘干气流的蒸发潜力是固定的，初始含水率越高，织物需要蒸发的水分越多，故烘干时间越长。同时，结合图4-4可知，初始含水率越高，织物到达恒速烘干阶段的时间越长，且其维持时间也越长，故延长了烘干时间；织物含水率越高，织物维持滑动的时间越长，烘干初期织物抛撒越受限，也会适当延长烘干时间。

表4-8　初始含水率对烘干时间的影响

初始含水率（±5%）	70	90	110
烘干时间（min）	50	55	60

（二）初始含水率对烘干能耗的影响

由表4-9可知，随着初始含水率增加，烘干能耗明显增加。例如，初始含水率从70%增加到90%，其烘干耗能增加6.2%；初始含水率增加到110%，其烘干耗能增加12.6%。因为增加初始含水率，就意味着织物内含有更多需要除去的水分，而水分的蒸发潜热是固定的，排除多余水分所需要的能量主要取决于需要排除水分的质量。而且，初始含水率越高，烘干到固定含水率的时间越长，而烘干参数又是固定的，故运行时间越长，能耗越大。结合图4-5可知，织物含水率越高，织物维持滑动的时间越长，织物抛撒受限的时间越长，降低了烘干效率，故烘干能耗增加。

表4-9 初始含水率对烘干能耗的影响

初始含水率（±5%）	70	90	110
烘干能耗（kW·h）	3.56	3.78	4.01

（三）初始含水率对最终含水率的影响

由表4-10可知，随着初始含水率的增加，织物最终含水率稍有增加，但变化不大，可以认为是烘干随机性造成的，即可以忽略。这是因为最终含水率主要取决于烘干后期织物温度的高低和烘干后期所持续的时间。结合图4-4可知，三种初始含水率织物的烘干后期的持续时间差异不大，故其最终含水率差异不大。

表4-10 初始含水率对最终含水率的影响

初始含水率（±5%）	70	90	110
最终含水率（%）	2.43	2.67	2.89

（四）初始含水率对烘干均匀性的影响

由表4-11可知，随着初始含水率的增加，织物烘干均匀性有变差的趋势，但变化不大，可以认为是烘干随机性造成的，即可以忽略。这是因为烘干均匀性主要与织物的运动形态、抖散程度、每块织物附近的气流密度、滞留时间有关。而观察三种初始含水率的运动形态发现，初始含水率仅影响织物烘干初期的运动形态，对恒速、降速、吹冷风阶段的运动形态影响不大，故其烘干均匀性差异不大。

表4-11 初始含水率对烘干均匀性的影响

初始含水率（±5%）	70	90	110
烘干均匀度（%）	98.62	97.89	98.23

（五）初始含水率对平整度的影响

由表4-12可知，随着初始含水率的增加，织物烘干后平整度呈轻微增加趋势，但其变化幅度均在0.5级以内，属于主观评价误差范围之内（0.5级），因而可以认为初始含水率对织物烘后外观平整度没有影响。这是因为平整度高低主要取决于织物的最终含水率、织物在筒内的运动形态。结合表4-10和图4-5可知，在三种初始含水率条件下，织物的最终含水率、运动形态差异不大，故其平整度差异也不大。

表4-12　初始含水率对平整度的影响

初始含水率（±5%）	70	90	110
平整度（级）	2.1	2.2	2.3
试样照片			

（六）初始含水率对织物滚筒烘干动力学的影响机制

由图4-3可知，增加初始含水率只会延长织物恒速烘干阶段的时间，对烘干机理的影响并不大。换句话说，不管初始含水率是多少，织物烘干机理都是一样的，只不过时间和能耗数值的大小有差异而已。这也是除本节试验之外，其他所有试验均选择70%作为烘干试验初始含水率的一个重要原因。

由图4-4可知，初始含水率仅影响烘干初期的织物运动模式，对恒速阶段、降速阶段及吹冷风阶段的织物运动模式影响甚微。此外，从节省烘干能耗、烘干时间的角度，在洗涤设备允许的条件下，应尽量将织物内的初始含水率通过机械作用降到较小。通过机械作用消除水分的速度远高于通过加热蒸发掉的水分的速率，且通过机械作用去除水分所需要的能量远低于通过加热方式去除水分所需要的能耗。

综上所述，提高织物初始含水率通过延长恒速烘干阶段到达时间及维持时间，不会提高织物烘干效率，只会导致烘干时间、烘干能耗相应延长，只是数值差异而已，不会导致织物烘干机理的改变。因此，从缩短试验研究时间的角度出发，选择70%作为初始含水率。此外，70%初始含水率也比较接近现有家用洗衣机常用程序甩干后织物含水率。同时，这在一定程度上说明现有洗衣机甩干程序的设定是合理的，并为其提供了理论依据。

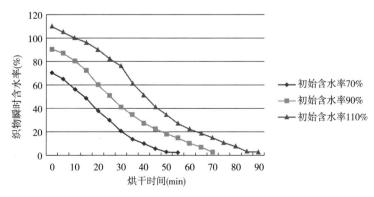

图4-3　不同初始含水率下织物烘干曲线

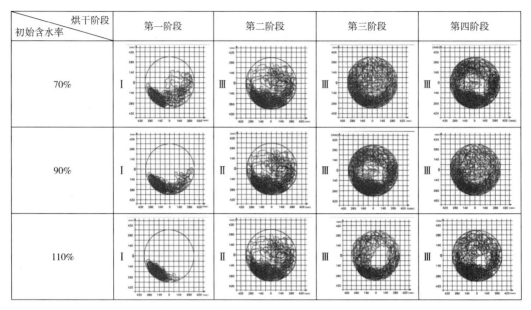

烘干阶段 初始含水率	第一阶段	第二阶段	第三阶段	第四阶段
70%	I	III	III	III
90%	I	II	III	III
110%	I	II	III	III

图4-4　不同初始含水率下织物运动模式变化

三、织物尺寸对织物滚筒烘干动力学的影响

在负载干重为3.0kg，加热丝功率为3500W，风速为8.8m/s，滚筒转速为42~48r/min的试验条件下，进行织物尺寸分别为38cm×38cm、60cm×60cm、80cm×80cm的单因素试验，测试了不同尺寸织物的烘干时间、烘干能耗、最终含水率、烘干均匀性和烘后平整度，其结果如表4-13~表4-17所示。另外，为了从机理上揭示尺寸大小对织物烘干效率的影响机制，还测试不同尺寸大小的织物表面温度和织物运动模式，如图4-5和图4-6所示。

（一）织物尺寸对烘干时间的影响

由表4-13可知，随着织物尺寸的增加，其烘干时间呈上升趋势。这是因为织物尺寸越大，其抖散难度越大、织物充分铺展的可能性越小、织物折叠的可能性越大、烘干厚度增加，故延长了烘干时间。而且，尺寸越大，单块织物的重量越大，织物的重力越大，织物被举升筋举起的高度越低，织物滞留在空中的时间越短，进而导致其烘干效率下降，进一步延长了烘干时间。此外，结合图4-5和图4-6可知，样块尺寸越大，升温阶段越长、稳定后织物表面温度也越低，越容易缠绕，越不利于织物内水分的迁移，故延长了烘干时间。

表4-13　织物尺寸对烘干时间的影响

织物尺寸（cm×cm）	38×38	60×60	80×80
烘干时间（min）	50	55	65

（二）织物尺寸对烘干能耗的影响

由表4-14所示，在烘干负载量、初始含水率、加热丝功率、风速、滚筒转速相同的条件下，随着织物尺寸的增加，其烘干能耗有轻微增加的趋势。结合图4-6可知，样块越大，织物在烘干过程中越难被抖散，织物越容易纠缠在一起，使得烘干厚度增加，减小了织物与烘干气流的接触面积，降低了烘干效率，即增加了烘干能耗。而且，尺寸越大，单块织物的重量越大，织物的重力越大，织物被举升筋举起的高度越低，织物滞留在空中的时间越短，进而导致其烘干效率下降，也增加了烘干能耗。此外，结合图4-6，尺寸越大，织物随筒壁滑移的长度越长，织物越容易做滑移运动。相反，织物尺寸越小，织物越容易被抛撒、越容易均匀分布在整个烘干腔体内、烘干效率越高，故烘干能耗越低。

表4-14　织物尺寸对烘干能耗的影响

织物尺寸（cm×cm）	38×38	60×60	80×80
烘干能耗（kW·h）	3.56	3.78	4.06

（三）织物尺寸对最终含水率的影响

由表4-15所示，在烘干负载量、初始含水率、加热丝功率、风速、滚筒转速相同的条件下，随着织物尺寸的增加，其最终含水率有轻微增加的趋势。这是因为织物最终含水率主要受限于烘干后期的织物表面温度和后期的维持时间。结合图4-5可知，样块越大，织物表面温度越低，故最终含水率越高。而且，结合图4-6可知，样块越大，织物折叠的部分越多，烘干是一个水分从内向外逐渐迁移的过程，厚度越厚，迁移距离越大，迁移阻力越大，故最终含水率越高。

表4-15　织物尺寸对最终含水率的影响

织物尺寸（cm×cm）	38×38	60×60	80×80
最终含水率（%）	2.37	2.47	2.89

（四）织物尺寸对烘干均匀性的影响

由表4-16可知，尺寸越大，织物烘干均匀性越差。结合图4-6可知，样块越大，织物在烘干过程中越难被抖散，越容易造成织物有的地方散开、有的地方纠缠，受热均匀性越差，故烘干均匀性下降。此外，对比不同织物尺寸的运动模式图发现，尺寸越大，由织物形成的料幕内的织物分布越不均匀，其周围空气分布也越不均匀，故降低了其烘干均匀性。相反，织物尺寸越小，织物越容易被抛撒，越容易均匀分布在整个烘干腔体内，每块织物附近的空气分布越均匀，故烘干均匀性越好。

表4-16　织物尺寸对烘干均匀性的影响

织物尺寸（cm×cm）	38×38	60×60	80×80
烘干均匀度（%）	98.36	97.89	96.97

（五）织物尺寸对平整度的影响

由表4-17所示，随着样块尺寸的增加，其平整度呈逐渐下降趋势。结合图4-6可知，样块越大，织物在烘干过程中纠缠越严重，越容易形成折痕或者压痕，故烘后外观平整度越低。此外，对比不同织物尺寸的运动模式图发现，尺寸越大，织物随筒壁滑移的长度越长，织物越容易做滑移运动。当织物做滑移运动时，其紧贴筒壁，筒壁的温度较高对织物会有一定程度的热定型作用。相反，织物尺寸越小，织物越容易被抛撒，越容易均匀分布在整个烘干腔体内，远离筒壁，降低了经历筒壁热熨烫定型的可能性，故平整度越高。而且在，整个烘干过程中，织物均是充分铺展、翻滚的状态，也降低了织物因长时间受力导致平整度较差的可能。

表4-17　织物尺寸对平整度的影响

织物尺寸（cm×cm）	38×38	60×60	80×80
平整度（级）	2.2	1.9	1.7
试样照片			

（六）织物尺寸对织物滚筒烘干动力学的影响机制

由图4-5可知，织物尺寸越大，其表面最高温度越低。这是因为织物尺寸越大，织物分布越不均匀，织物周围分布的空气越小，而织物烘干是一个将烘干气流携带能量传递给织物的过程，烘干气流少，故传递的能量就少。而且纤维的热传导系数又远低于空气的热传导系数，也进一步阻碍了织物表面温度的升高。

由图4-6可知，织物尺寸显著影响织物在筒内的运动形态，抛撒程度、由织物形成的

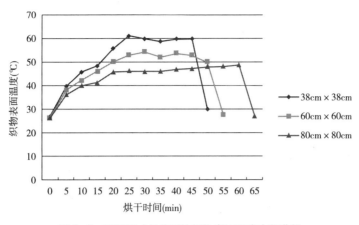

图4-5　不同尺寸条件下的织物表面温度变化曲线

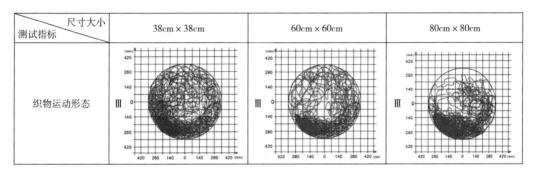

图4-6　不同样品尺寸下织物运动模式变化

料幕密度，进而影响织物与烘干气流的热交换面积、热交换程度，最终影响烘干时间、能耗、烘干均匀性、最终含水率及平整度。

综上所述，织物尺寸大小会影响织物在滚筒内的铺展、抛撒程度，并轻微影响织物整体的运动模式，即只要滚筒转速一定，不论何种尺寸大小，其运动模式基本一致，但织物在料幕内的分布均匀程度不同，进而影响织物的烘干效率、烘干能耗、最终含水率、烘干均匀性、烘后平整度，尤其是烘后平整度。

四、负载量对织物滚筒烘干动力学的影响

在样品尺寸为38cm×38cm，初始含水率为70%，加热丝功率为3500W，风速为8.8m/s，滚筒转速为42~48r/min的试验条件下，进行负载量分别为1.0kg、3.0kg、7.0kg的单因素试验，测试了不同负载量下的烘干能耗、烘干时间、最终含水率、烘干均匀性、平整度，其结果如表4-18~表4-22所示。并从织物运动模式的角度揭示了负载量影响织物烘干效率的原因。此外，为了消除因单纯的负载量大，导致耗能大、时间长，而不是因为传递过程差异导致耗能增加和烘干延时的表象，通过烘干能耗和烘干时间即织物含水率推导得到单位

时间的除湿量和单位除湿量的耗能量，其结果如表4-18所示。另外，为了从机理上揭示负载量对织物烘干效率的影响机制，还测试了不同负载量下，织物表面温度和织物运动模式，结果如图4-7和图4-8所示。

（一）负载量对烘干时间的影响

由表4-18可知，在初始含水率、加热丝功率、滚筒转速和风速相同的条件下，随着烘干负载的增加，烘干时间明显增加。这是因为，在初始含水率一定的条件下，烘干负载量多，需要从织物内迁移的水分越多。而干衣机参数又是固定的，其蒸发潜力相同，迁移的水分越多，所需的烘干时间越长。而且，结合图4-7可知，负载量越大，织物表面温度越低，烘干潜力越低，故烘干时间越长。另外，由于烘干腔体的体积固定，烘干负载量越大，织物在筒内自由翻滚的空间越小，织物抛撒越不充分（图4-8），烘干效率越低，故烘干时间增加。

此外，对比不同负载量的单位时间的除湿量和单位除湿量的耗能发现，相比于较大负载量（7kg）或者较小负载量（1kg），中等负载（3kg）的单位除湿量的耗能最小（1.47kW·h/kg），单位时间除湿量最大（0.38kg/min）。这是因为，如图4-7所示，当负载量较小（1kg）时，筒内织物过少，织物铺展开来，不能充满整个烘干界面，造成烘干气流没有与湿织物交换就直接离开烘干腔，烘干效率较低，浪费了能源。这也揭示了负载较小时，其单位除湿量的耗能反而较大的原因。相反，当负载量较大（7kg）时，织物充满了烘干腔体，但是由于织物过多，而烘干腔体的体积又是固定的，这必然导致烘干厚度增加，也不利于织物烘干效率的提高。当负载量为中等负载量（3kg）时，织物随滚筒转动均匀地分布在烘干腔体内，充满整个烘干腔体界面，且烘干厚度适中，故烘干效率最高。

表4-18　负载量对烘干时间的影响

负载量（±0.01kg）	1.0	3.0	7.0
烘干时间（min）	40	50	150
单位时间的除湿量（kg/min）	0.02	0.38	0.33
单位除湿量的耗能（kW·h/kg）	4.04	1.47	1.56

（二）负载量对烘干能耗的影响

由表4-19可知，在初始含水率、加热丝功率、滚筒转速和风速相同的条件下，随着烘干负载的增加，烘干能耗明显增加。这是因为，在初始含水率一定的条件下，烘干负载量多，需要从织物内迁移的水分越多，因而需要的能量越多。另外，由于烘干腔体的体积固定，烘干负载量越大，织物在桶内自由翻滚的空间越小，织物抛撒越不充分（图4-8），烘干效率越低，故能耗增加。

表4-19 负载量对烘干能耗的影响

负载量（±0.01kg）	1.0	3.0	7.0
烘干能耗（kW·h）	3.13	3.45	7.64

（三）负载量对最终含水率的影响

由表4-20可知，随着烘干负载量的增加，最终含水率也有轻微上升。这是因为烘干负载量越大，单位体积内充斥的织物越多，而单位体积的烘干气流所携带的能量又是固定的（因为加热丝功率、风速、转速是固定的，烘干气流又是理想气体，故其携带的能量也是固定的），导致烘干气流所携带的能量低于单位体积的织物内部水分充分迁移所需要的能量，而且负载越大，其能量差值越大，其最终含水率越高。

表4-20 负载量对最终含水率的影响

负载量（±0.01kg）	1.0	3.0	7.0
最终含水率（%）	1.27	2.78	2.98

（四）负载量对烘干均匀性的影响

由表4-21可知，负载量越大，其烘干均匀性越差。因为烘干腔体积是固定的，织物在筒内不是完全均匀铺展的，而是被不均匀地堆积在烘干腔内，且通过滚筒不断运动，使堆积的织物在筒内不断翻滚，进而完成每块织物与烘干气流的热质交换。负载量越大，织物从堆内翻滚到表面的阻力越大，进而导致内部织物与烘干气流接触较少，而表面织物又与织物接触较充分，进而导致每块衣物的最终含水率差异较大，故烘干不均匀性增加。而且负载量越大，织物在筒内被折叠的可能性越大（图4-8），这种不均匀性越明显。

表4-21 负载量对烘干均匀性的影响

负载量（±0.01kg）	1.0	3.0	7.0
烘干均匀度（%）	99.12	98.23	94.32

（五）负载量对平整度的影响

由表4-22可知，随着负载量的增加，烘后织物外观平整度却明显下降，即相比于负载量为1kg的平整度，负载量7kg的平整度下降了1.6级。造成上述问题的原因可能有：随着负载量的增加，衣物在烘干腔体内翻滚运动空间越有限或者运动阻力越大，织物被折叠的可能性越大甚至衣物在整个烘干过程中都保持团状形态。如果织物在这种情况下被烘干，很容易导致织物烘干时出现很多压褶，进而平整度越低。而根据纺织材料热物理性能及力学性能可知，纺织材料长期处于热湿及复杂机械力作用，其耐疲劳性能大大下降，其力学性能及耐热性能显著下降。随着烘干时间的增加，分子间作用力及大分子结构受损也会明显增加，导致其烘干外观平整度进一步下降。而且，当烘干负载过大时，很有可能导致由于偶然因素被堆积在底部或者压在某个角落的织物，在整个烘干过程中都不能被翻滚到表面与烘干气流接触，故烘干均匀性下降、最终含水率过高。此外。由于整个烘干过程，织物被紧紧地折叠在一起，进而导致当烘干结束时，织物表面出现细长且深凹的折皱，故宏观表现为平整度较低。

表4-22　负载量对平整度的影响

负载量（±0.01kg）	1.0	3.0	7.0
平整度（级）	2.8	2.1	1.2
试样照片			

（六）负载量对织物滚筒烘干动力学的影响机制

由图4-7可知，随着负载量的增加，织物表面温度到达最高温度的时间越长，且最高温度也有轻微下降趋势。这是因为负载量越少，织物周围分布的烘干气流越多，织物热质交换势能越大，交换越充分，升温越快，织物表面温度越高。相反，负载量越大，单位空间内分布的织物越多，织物周围的空气越稀薄，加热势能越小，故其表面温度越低。而且，还发现烘干后期，织物表面温度迅速下降。这是由于此阶段属于吹冷风阶段，加热丝停止加热，此时流经织物表面的气流属于常温气流，温度较低，故织物表面温度迅速下降。

由图4-8可知，不论何种负载量，其烘干模式差异不大，基本均经历由滑移、抛撒、坠落、旋转组成的复合运动模式。但是不同负载量，料幕内织物的分散程度、料幕占据烘干腔截面的面积存在差异，进而导致单位除湿量的耗能量和单位能耗的除湿量存在差异。

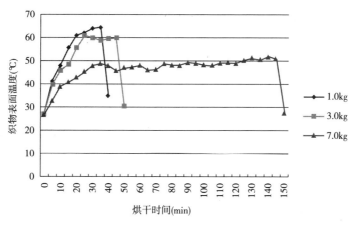

图4-7　不同负载量条件下的织物表面温度变化曲线

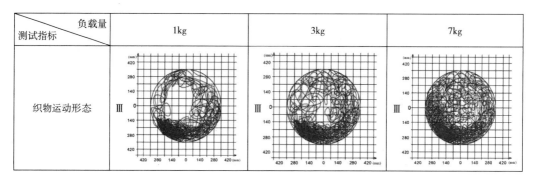

图4-8　不同负载量下织物运动模式变化

综上所述，负载量不会影响织物的运动模式，但是显著影响织物被抛撒、铺展开后占据烘干腔的截面面积。换句话说，不论负载量多少，只要采用合理的滚筒转速（42~48r/min），织物均会经历滑移、举起、抛撒、坠落组成的复合运动，但是从提高烘干效率、节约能源的角度出发，在进行织物烘干护理时，不应该采用过小的烘干负载，建议应采用3kg作为日常护理最佳的负载量。

本章小结

通过对干衣机参数固定条件下的不同单位面积质量、初始含水率、负载量、织物尺寸的烘干试验研究发现，单位面积质量是通过影响织物的运动模式、抛撒程度，进而影响烘干时间、烘干能耗、烘干均匀性、最终含水率，尤其是烘干时间和最终含水率；初始含水率是通过影响烘干初期的运动模式及初期运动模式的维持时间，进而影响烘干时间、烘干能耗、烘干均匀性、最终含水率，尤其是烘干时间和烘干能耗，但其烘干机理不变；织物尺寸大小是通过影响织物在滚筒内的铺展、抛撒程度，进而影响织物的烘干效率、烘干能耗、最终含水率、烘干均匀性、烘后平整度，尤其是平整度，但其不会影响织物运动模式；负载量是通过显著影响织物被抛撒、铺展开后占据烘干腔的截面面积，进而影响织物总的烘干时间、烘干能耗、烘后外观平整度，尤其是平整度，但不会影响织物运动模式，而且在负载量对烘干效率的影响的研究中，使用单位时间的除湿量和单位能耗的除湿量更能真实反映其对织物烘干效率的影响；从节约研究时间、研究成本，全面反映烘干机理的角度，可确定各因素的较优水平为：烘干负载3.0kg、初始含水率70%、织物尺寸38cm×38cm，并将其作为后续各章节织物相关参数设定的依据。

第五章

织物滚筒烘干传热传质模型研究

织物滚筒烘干是一个复杂的传热传质且相互耦合的过程，其过程既涉及热传导、对流及辐射传热等多种传热机理，也涉及自由水、吸附水和结合水等多种水分的传质机理。为对这一复杂的过程从整体上有一个较为全面初步理解，本章首先对织物烘干过程所涉及的基本物理过程及其过程涉及的四个典型阶段的传热传质特性进行分析，在对其传递过程有个清晰认识或正确理解的基础上，再通过对织物烘干过程进行简化和假设，以滚筒烘干腔为最小建模单元，并遵循质量守恒、能量守恒及动量守恒的基本原则，建立了符合织物滚筒烘干的传热传质模型；最后，通过对烘干模型的离散、边界条件的处理，实现了模型的数值求解。此外，必须指出，本章仅以纯棉织物为研究对象，对织物烘干过程的传热传质现象进行建模、求解与分析。

第一节 织物滚筒烘干传热传质过程分析

加热丝加热后的烘干气流，流经织物表面，因其与织物之间存在着传热温差，故将其自身携带的能量传给湿织物，织物表面被首先加热，织物表面温度升高，织物表面水分因受热汽化而导致其含水率低于织物内部的含水率，使其内外形成湿度梯度，同时也使织物表面的薄层空气与烘干气流之间形成水蒸气压力差，迫使内部水分迁移到织物表面，再迁移到烘干气流中，并被抽风机抽走，离开滚筒，织物含水率不断下降，最终实现织物烘干。

由图5-1可知，织物滚筒烘干可分为关于织物外部热质传递和内部热湿迁移两部分，属于典型的相变传热传质耦合过程。外部和内部条件变化对烘干过程的影响互相耦合。对外部条件而言，含湿多孔介质（织物）从烘干介质（高温空气）中吸收了热量，织物不断与空气进行着热量的交换；对内部条件而言，织物受热后内部存在着温度梯度，水分不断从内部向外部析出，并且不断排到室外环境中，直至织物的含水率降低到符合标准要求的 ±3% 为止。显然，烘干腔内无时无刻不在进行大量的质量交换和能量交换，因此，家用干衣机织物滚筒烘干属于一个典型由强迫对流导致的传热传质过程。

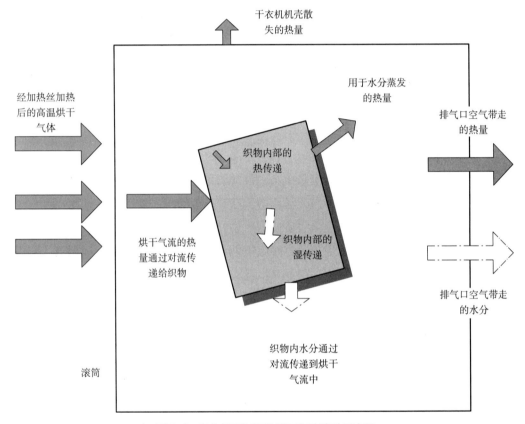

图5-1 织物烘干过程的烘干气流流动示意图

此外，依据其迁移速率可将烘干过程划分成升温阶段、恒速烘干阶段、降速烘干阶段、吹冷风阶段。每个阶段的迁移速率强烈依赖于某种迁移势或者迁移梯度方向，其传热传质机制不同。

一、升温阶段的传热传质特性

升温阶段，烘干气流携带的热能，一部分通过强迫对流的方式，传递给织物表面，使织物表面温度迅速增加，当到达织物表层的能量积累到一定程度时，再以热传导方式向织物内层传递，使织物内部的温度升高，最终实现烘干腔内所有织物温度的增加。另一部分，用于织物表面附着水分的蒸发。故此阶段，织物表面温度急剧升高，但织物含水率变化并不明显。其传热传质特性如下：

（1）加热丝提供的热量等于织物温度升高所需要的热量和织物表面少量水分蒸发所需要的能量。

（2）织物失去的水分等于烘干气流增加的水分。

二、恒速烘干阶段的传热传质特性

恒温或恒速干燥阶段，织物烘干的主要阶段，织物所携带的热量全部用于织物表面附着水分的汽化或者蒸发，故织物表面温度基本保持不变，织物含水率呈等速下降趋势。此阶段的水分迁移动力为烘干气流与织物表面的水蒸气分压差，以及织物内外的含水率梯度差。迁移过程可分为两部分：一部分为织物烘干过程，其内部的水分由于受热而不断蒸发；另一部分织物表面的水分受热蒸发并不断扩散到烘干气流中，与烘干气流混合流动。其传热传质特性可描述如下：

（1）加热丝提供的热量等于织物内水分蒸发所需要的能量。

（2）织物表面的水分蒸发速率等于内部水分迁移到表面的速率，织物表面始终保持饱和状态，蒸发速率取决于加热丝功率、滚筒转速、风速、负载量、织物含水率。

（3）织物失去的重量等于烘干气流增加的水分。

（4）此阶段属于烘干流体与多孔介质固体骨架之间的质量传递，故属于对流传质形式。

三、降速烘干阶段的传热传质特性

降速烘干阶段，织物内的水分继续被蒸发，并且织物表面的温度也在不断升高。从等速烘干阶段至降速烘干阶段后，内部水分的向外迁移与表面蒸发失去平衡，其内部的水分更难从织物中蒸发出来，此时织物干基含水率约为8%~9%。降速烘干阶段的传热传质特性有以下3种：

（1）加热丝提供的热量用于织物表面温度升高和织物内少量水分的蒸发，其中织物表面温度升高占主导作用。

（2）织物表面水分蒸发的速率大于织物内水分迁移到织物表面的速率，织物表面不再处于饱和状态，蒸发表面逐渐向织物内部迁移。

（3）迁移动力为织物内外存在的浓度差，水分迁移遵循Fick扩散定理，属于分子间传质扩散形式。

四、吹冷风阶段的传热传质特性

吹冷风阶段，加热丝已停止加热，烘干气流温度较低（等于室温），当流经温度较高的织物表面时，织物将自身热量通过对流方式传递给烘干气流，故织物温度迅速下降。而此阶段，织物含水率较低，流经织物表面的气流含水率较高，且织物又属于亲水性多孔材料，故导致烘干气流内的水分向织物内迁移，进而导致织物含水率轻微增加。其传热传质特征如下：

（1）织物将自身携带的能量通过对流方式传递给烘干气流。

（2）烘干气流将自身携带的湿度通过对流方式传递给织物。

此外，四个阶段通过初始和最终状态而相互联系起来。升温阶段的最终状态是恒速升温阶段的初始状态，恒温烘干阶段的最终状态是降速升温阶段的初始状态，降速升温阶段的初始状态是吹冷风阶段的初始阶段。

第二节   织物烘干过程模型建立

通过以上对织物烘干过程的分析，结合第三、四章织物滚筒烘干动力学研究结果，织物表面的温度及织物含水率的变化是织物烘干过程传热传质的宏观表现，因而本章对织物烘干过程的瞬时含水率及织物表面温度进行了数学模拟。此外，必须指出，因滚筒烘干过程，织物表面温度较低，辐射传热可忽略不计，因此本文提出的模型仅考虑强迫对流。

一、假设

织物烘干过程因极易受烘干气流的温度、相对湿度、质量流量、织物的种类、内部结构、物理化学性质及外部形状等因素的影响，使传热传质过程变得十分复杂。如果要实现通过数学方法对织物烘干过程进行描述，即建立织物烘干传热传质模型，必须对其进行一定程度的合理简化。

根据织物烘干过程的物理特点和待建数学模型的客观需要，特做以下简化假设。

（1）在整个烘干过程中，干衣机机壳没有热量的散发，即加热丝提供的热量全部被进入滚筒的烘干气流吸收。

（2）织物是具有一定空隙，且含有液相水分子、空气和纤维骨架的各向同性的多孔介质。

（3）在整个烘干过程中，认为织物面积是固定不变的，即烘干过程的织物尺寸收缩忽略不计。

（4）在整个烘干过程中，认为织物是均匀铺展在滚筒内，并随滚筒做匀速圆周运动。

（5）认为烘干气流是由干空气和水蒸气组成的均匀混合气体，属于理想气体范畴。

（6）在整个烘干过程中，大气压力恒定不变，保持在1.013kPa。

（7）认为经过加热丝加热后的烘干气流是完全干燥的气体，其含水率为0%。

（8）湿织物由于吸热而失掉的水分全部变成水蒸气进入到湿空气中被带走。即汽化水分总量等于湿空气含湿量的增量。

（9）在整个烘干过程中，排气口处空气的湿度完全是由织物内的水分蒸发所致。

（10）在整个烘干过程中，烘干气流仅发生传导导热和对流导热，即忽略辐射换热。

（11）在整个烘干过程中，烘干气流内的水分仅以对流和扩散的方式交换。

（12）织物的热量是通过对流方式获得的。

（13）织物内部的热量传递仅以热传导的形式进行。

（14）流经织物表面的气流属于层流层。

（15）在整个烘干过程中，水蒸气、干空气、液态水均顺利地穿过织物内的所有空隙，不存在黏滞力的差异。

（16）在整个烘干过程中，织物周围的对流边界对织物各个边界均相同。

二、能量、质量、动量守恒方程

基于上述假设，将织物滚筒烘干过程的圆周运动简化为类似于平板烘干的平面运动（图5-2），并结合干衣机烘干特性，依据传热传质基本原理、质量、能量、动量守恒定律，构建了干衣机内织物对流烘干的一维非稳态耦合传热传质模型，其推导过程如下：

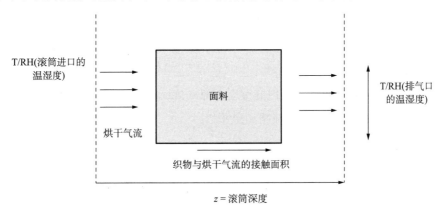

图5-2　干衣机内织物滚筒烘干传热传质物理模型

干衣机烘干过程，烘干气流通过传导或者对流的方式将其携带的能量传递给织物，而织物将烘干气流传递的能量一部分用于织物温度的升高，一部分用于织物内水分的蒸发。因此，根据Fourier定律，在仅考虑对流和传导的条件下，织物烘干的能量守恒方程应包括蒸发项、对流项、耦合项，其控制方程如公式5-1所示。而烘干气流的能量守恒方程应该包括对流项、蒸发项和耦合项，其控制方程如公式5-2所示。

$$\rho_L c_L \left(\frac{\partial T_f}{\partial t} \right) = \lambda_L \frac{\partial^2 T_f}{\partial Z^2} + \rho_a c_a u \frac{\partial T_f}{\partial Z} - n_1 \left(T_f - T_a \right) - q_{11} \left(T_a \right) C_f + q_{12} \left(T_a \right) C_a \quad （5-1）$$

$$\rho_a c_a \left(\frac{\partial T_a}{\partial t} \right) = \lambda_a \frac{\partial^2 T_a}{\partial Z^2} - \rho_a c_a u \frac{\partial^2 T_a}{\partial Z} + n_2 \left(T_f - T_a \right) + q_{21} \left(T_a \right) C_f - q_{22} \left(T_a \right) C_a \quad （5-2）$$

式中：

ρ_L——湿织物的有效密度，kg/m³；

c_L——湿织物的单位比热容，J/kg·K；

λ_L——有效热传导系数，W/m²·K；

T_f——织物表面温度，K；

ρ_a——滚筒内烘干气流的密度，J/kg·K；

c_a——烘干气流的单位比热容，J/kg·K；

λ_a——烘干气流的导热系数，W/m·K；

T_a——滚筒内烘干气流的温度，℃；

u——烘干气流流经织物表面的速度，m/s；

t——时间，s；

C_a——空气的水分含量，kg/kg；

C_f——面料的水分含量，kg/kg；

n_1，n_2，q_{11}，q_{12}，q_{21}和q_{22}——模型参数。

在假设织物内部的水分可以迅速扩散到织物表面蒸发，织物表面单位截面积上水蒸气的质量变化率就等于水蒸气通过织物结构扩散的净质量流量加上织物结构内结合水扩散的质量流量条件下，根据Fick定理2，得出湿织物和烘干气流的质量守恒方程为公式5-3和公式5-4。其中湿织物的质量传递方程应包括扩散项和热质耦合项。

$$\frac{\partial C_f}{\partial t} = D_L \frac{\partial^2 C}{\partial Z^2} - n_{11} \left(T_f \right) C_f + n_{12} \left(T_f \right) C_a + \dot{m}_w \quad （5-3）$$

由于本模型是在假定烘干气流内的湿度全部来自织物内部水分蒸发的条件下建立的，因此烘干气流的质量方程应包括对流项和蒸发项。

$$\frac{\partial C_a}{\partial t} = D_L \frac{\partial^2 C}{\partial Z^2} - u \frac{\partial C}{\partial Z} + n_{21} \left(T_a \right) C_f - n_{22} \left(T_a \right) C_a \quad （5-4）$$

式中：

C——织物含水率，kg/kg；

D_L——湿织物的有效湿传递系数，m²/s；

C_a——烘干气流的含水率，kg/kg；

$\dot{m}_w$——织物的失水速率，kg/min；

n_{11}，n_{12}，n_{21} 和 n_{22}——模型参数。

根据牛顿第二定律和标准模型，得到织物烘干的动量方程为公式5-5和公式5-6所示。

湿织物的动量方程被表达为：

$$Pt = W_d r \omega^2 \cdot \frac{W_d}{\vartheta} \tag{5-5}$$

烘干气流的动量方程被表达：

$$\frac{1}{4}\pi r^2 L \left(\rho_a v_0^2 - \rho_a v_i^2\right) = \rho_a \frac{\partial \theta}{\partial t} - \nabla\left[\left(\tau + \rho_a b \frac{\partial \theta^2}{\partial \varphi}\right)\nabla\varphi\right] + \rho_a u \nabla\theta \tag{5-6}$$

式中：P——驱动滚筒转动的电动机功率，$kW \cdot h$；

$\quad W_d$——烘干负载的重量，kg；

$\quad \varphi$——耗散率，ns/m^2；

$\quad \tau$——动态黏度，$m^2 s^2$；

$\quad \theta$——湍流能，J；

$\quad \omega$——织物在滚筒内的移动速度，m/s；

$\quad L$——滚筒深度，m。

第三节　织物烘干过程传热传质模型的数值求解

第二节中，通过对织物滚筒烘干的传热传质过程的分析，建立了织物滚筒烘干传热传质的数学模型。本节将进一步对建立的数学模型进行数值分析，求出控制方程中的各个参数进而对数学方程进行迭代求解，也为下一节的模拟验证奠定基础。

一、控制方程的离散

上述织物滚筒烘干传热传质控制方程均属于非线性偏微分方程，其具有如下两个显著特点：

（1）强烈的非线性，方程中所有系数都随烘干过程的进行而不断变化。

（2）两个方程相互影响，互相制约，存在传热传质的相互耦合的关系。

下面采用有限差分法对上述方程进行离散化：

$$\left(\frac{\partial T_p}{\partial x}\right) = \frac{T_{p(x+\Delta x)} - T_{p(x-\Delta x)}}{2\Delta x} = \frac{T_{(n+1)} - T_{(n-1)}}{2\Delta x} \tag{5-7}$$

$$\frac{\partial^2 T_p}{\partial x^2} = \frac{T_{p(x+\Delta x)} - 2T_{p(x)} + T_{p(x-\Delta x)}}{\Delta x^2} = \frac{T_{(n+1)} - 2T_{(n)} + T_{(n-1)}}{\Delta x^2} \tag{5-8}$$

考虑织物干基含水率 C_f 及织物表面温度 T_f 同样随位移 Z 变化，所以对两者进行离散化，得到 $C_{f(n)}$ 和 $T_{f(n)}$，故上述偏微分方程的离散结果如下：

$$\rho_L c_L \frac{T_{(n+1)} - T_{(n-1)}}{2\Delta t} = \lambda_L \frac{T_{f(n+1)} - 2T_{f(n)} + T_{f(n-1)}}{\Delta Z^2} + \rho_a c_a u \frac{T_{f(n+1)} - T_{f(n-1)}}{\Delta Z} - \tag{5-9}$$
$$n_1(T_f - T_a) - q_{11}(T_a)C_f + q_{12}(T_a)C_a$$

$$\rho_a c_a \frac{T_{a(n+1)} - T_{a(n-1)}}{2\Delta t} = \lambda_a \frac{T_{a(n+1)} - 2T_{a(n)} + T_{a(n-1)}}{\Delta Z^2} - \rho_a c_a u \frac{T_{a(n+1)} - 2T_{a(n)} + T_{a(n-1)}}{\Delta Z^2} + \tag{5-10}$$
$$n_2(T_f - T_a) + q_{21}(T_a)C_f - q_{22}(T_a)C_a$$

$$\frac{C_{f(n+1)} - C_{f(n-1)}}{2\Delta t} = D_L \frac{C_{(n+1)} - 2C_{(n)} + C_{(n-1)}}{\Delta Z^2} - n_{11}(T_f)C_f + n_{12}(T_f)C_a + \dot{m}_w \tag{5-11}$$

$$\frac{C_{a(n+1)} - C_{a(n-1)}}{2\Delta t} = D_L \frac{c_{(n+1)} - 2c_{(n)} + c_{(n-1)}}{\Delta Z^2} - u \frac{c_{(n+1)} - c_{(n-1)}}{2\Delta Z} + n_{21}(T_a)C_f - n_{22}(T_a)C_a \tag{5-12}$$

$$Pt = W_d r \omega^2 \times \frac{W_d}{\vartheta} \tag{5-13}$$

$$\frac{1}{4}\pi r^2 L(\rho_a v_0^2 - \rho_a v_i^2) = \rho_a \frac{\theta_{(n+1)} - \theta_{(n-1)}}{2\Delta t} - \nabla\left[\left(\tau + \rho_a b \frac{\vartheta_{(n+1)} - 2\theta_{(n)} + \theta_{(n-1)}}{\Delta \theta^2}\right)\nabla\varphi\right] + \rho_a u \nabla\theta \tag{5-14}$$

二、初始条件与定解条件

（一）初始条件

为了求解偏微分方程组，需要确定边界条件和初始条件。这里假设织物是一种均匀的多孔介质，织物内部的初始温度均匀一致，且都等于环境温度，同时织物的初始含水率在织物内部也是处处相同的，当 $t = 0$，$0 \le Z \le L$ 时，上述方程组的初始边界如下所示：

$$T_f = T_f^0, \quad T_a = T_a^0; \quad c_f = c_f^0, \quad c_a = c_a^0 \tag{5-15}$$

式中：T_f^0——织物的初始温度，℃；

T_a^0——烘干气流的初始温度，℃；

c_f^0——织物的初始含水率，%；

c_a^0——烘干气流的相对湿度，%。

（二）边界条件及其处理

对于边界条件，当 $Z = 0$ 时，假定烘干气流携带的能量迅速传递给织物，且仅用于织物表面温度的升高，而不用于织物内部水分的蒸发，故当 $t > 0$，$Z = 0$ 时，其边界条件如下所示：

$$\lambda_L \frac{\partial T_f}{\partial Z} = -h_L^f (T_i - T_f), \quad \lambda_L \frac{\partial T_a}{\partial Z} = -h_L^a (T_i - T_a) \tag{5-16}$$

$$\frac{\partial C_f}{\partial Z} = 0, \quad \frac{\partial C_a}{\partial Z} = 0 \tag{5-17}$$

式中：h_L^f——织物有效的热传递系数，W/m^2K；

$\quad$ h_L^a——空气的有效热传递系数，W/m^2K；

$\quad$ T_i——滚筒进口的空气瞬时温度，℃；

$\quad$ C_f——面料含水率，%；

$\quad$ C_a——空气相对湿度，%；

$\quad$ T_f——织物表面温度，℃；

$\quad$ T_a——热空气温度，℃。

当 $t > 0$，$Z = L$ 时，其边界条件如下所示。

$$\lambda_L \frac{\partial T_f}{\partial Z} = -h_L^f (T_f - T_0), \quad \lambda_L \frac{\partial T_a}{\partial Z} = -h_L^a (T_a - T_0) \tag{5-18}$$

$$\frac{\partial C_f}{\partial Z} = 0, \quad \frac{\partial C_a}{\partial Z} = 0 \tag{5-19}$$

式中：λ_L——有效热传导系数，W/m^2K；

$\quad$ h_L^f——面料的有效热传递系数；

$\quad$ h_L^a——有效热传递系数，W/m^2K；

$\quad$ T_a——滚筒内空气温度，℃；

$\quad$ T_f——织物表面温度，℃。

（三）相关系数

正如前面所述，热物理传递性能与织物表面的温度和织物含水率有关，即织物的热传递系数和质传递系数与织物的表面温度和湿交换面积有关。而织物在滚筒干衣机内烘干过程中，其表面温度和湿度是时刻变化的。因此，为了提高模型的精度，一些与织物表面温度和织物瞬时含水率相关的热物理性能需要被考虑进来，各指标的计算公式如下：

$$C_L = \varepsilon c_w + (1-\varepsilon) c_f \tag{5-20}$$

$$\lambda_L = \varepsilon \lambda_w + (1-\varepsilon) \lambda_f \tag{5-21}$$

$$\rho_L = \varepsilon \rho_w + (1-\varepsilon) \rho_f \tag{5-22}$$

$$D_L = D_0 \left(\frac{c_f^0 - c_{eq}}{c_{ms} - c_{eq}} \right) e^{-\frac{E_d}{RT}} \tag{5-23}$$

$$\varepsilon = \frac{M_w}{M} \times 100\% \tag{5-24}$$

式中：ε——湿织物的含水率，%；

$\quad$ C_L——烘干织物的有效体积比热容，J/kg；

λ_L——烘干织物的有效热传导系数，W/m^2K；

D_L——湿织物的有效扩散系数，m^2/s；

E_d——水分子的活动能，kJ/mol；

c_f^0——湿织物的初始含水率，%；

c_{ms}——织物内最大自由水分含量，%；

c_{eq}——湿织物的平衡含水率，%；

R——理想气体常数；

M_W——织物内的水分重量，kg。

c_f——干织物比热容，J/kg；

c_w——水的比热容，J/kg；

λ_w——水的有效热传导系数，W/m^2K；

λ_f——干织物的有效热传导系数，W/m^2K；

ρ_L——温织物的有效密度，kg/m^3；

ρ_w——水的有效密度，kg/m^3；

ρ_f——干织物的有效密度，kg/m^3；

D_L——温织物的有效扩散系数，m^2/s；

D_0——初始扩散系数，m^2/s；

M——湿织物重量，kg。

$$h_L = \frac{\dot{m}_W K}{A(T_a - T)t} \qquad (5\text{-}25)$$

$$h_{mL} = h_o \left[\varepsilon + (1-\varepsilon) \frac{C_i - C_{ms}}{C_c - C_{ms}} \right] \qquad (5\text{-}26)$$

$$T_x^f = -h_L^f(T_f, t) \times (\omega - T_f) \text{ at } x = 0 \qquad (5\text{-}27)$$

$$T_x^a = -h_L^a(T_a, t) \times (u - T_a) \text{ at } x = 0 \qquad (5\text{-}28)$$

$$\dot{m}_W = \frac{\Delta m}{\Delta t} = \frac{m_{n+1} - m_n}{t_{n+1} - t_n} \quad n = 1, 2, 3 \ldots \qquad (5\text{-}29)$$

式中：h_L——对流热传递系数，W/m^2K；

$\dot{m}_W$——烘干过程织物总的水分蒸发量，kg；

A——总的热质交换面积，m^2；

T_f——织物表面温度，K；

t——时间，s；

K——水分蒸发潜热，J/kg；

h_{mL}——对流质传递系数，W/m^2K；

h_o——初始对流质传递系数，W/m^2K；

C_i——织物瞬时含水率，%；

C_c——织物临界含水率，%；

C_{ms}——织物最大自由水含水率，%；

t——计算的时间间隔，0.05s；

n——步长数；

Δt——差分时间，s。

三、求解方法及步骤

采用有限差分法对上述微分方程进行离散化处理完毕后，用Matlab软件编制了模拟程序，通过修改织物和滚筒参数也可以模拟在不同条件下各种不同织物的滚筒烘干情况，其计算步骤如下：

（1）通过上述的计算公式或者传感器计算得到相关参数（烘干气流的相对湿度、烘干气流的温度、烘干气流的有效对流热传递系数、烘干气流的有效对流质传递系数）。

（2）考虑到计算的精度和复杂程度，选择 $t = 0.05$s 和 $Z = 0.025$m 作为时间步长和空间步长。

（3）采用计算机软件，通过逐步迭代方法对其进行计算。

第四节　织物滚筒烘干模型求解

一、已知条件

本节以自行搭建的织物烘干综合测控平台上设定加热丝功率为3500W、风速8.8m/s、滚筒转速42~48r/min烘干程序的纯棉织物烘干过程作为对织物烘干传热传质数学模型的模拟对象。其他相关参数如表5-1所示。

表5-1　织物滚筒烘干传热传质模型中的相关参数

试验参数	取值	单位
水分蒸发潜热 K	2502~2265	J/kg
水分热传导系数 λ_w	0.029~0.033	kJ/m·K
面料的热传导系数 λ_f	0.071~0.073	kJ/m·K

续表

试验参数	取值	单位
空气的热传导系数 λ_a	0.03	kJ/m·K
面料的比热 C_f	1.21~1.34	kJ/kg·K
水分子的比热 C_w	1.25	kJ/kg·K
空气的比热 C_a	1.007	kJ/kg·K
水分子密度 ρ_w	0.997054	kg/m³
面料密度 ρ_f	$1.5 \times 10^{-3} \sim 1.55 \times 10^{-3}$	kg/m³
孔隙率 Φ	0.743956	—
空气密度 ρ_a	1.16	kg/m³
体积常数 R	287~461.5	J/kg·K
织物初始温度 T_f^0	25	℃
织物初始含水率 C_f^0	0.70	—
织物厚度 D	0.7913	mm
滚筒深度 Z	680	mm

二、结果与分析

　　基于第三节所建立的传热传质数学模型和数值求解方法，应用上述干衣机烘干腔的已知条件，将上述边界条件、原始数据和物性参数代入模型进行计算，便可得出织物的含湿量及温度随着烘干进行的变化曲线。并将其模拟结果与试验得到的织物表面温度、织物含水率进行对比分析，结果如图5-3和图5-4所示。

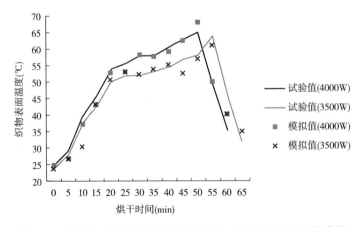

图5-3　棉织物滚筒烘干织物表面温度试验—模拟结果数据对比曲线

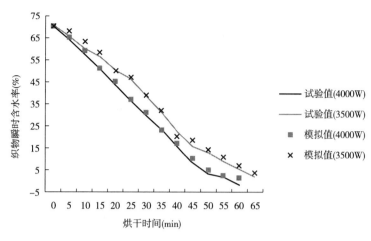

图5-4　棉织物滚筒烘干织物瞬时含水率试验—模拟结果数据对比曲线

由图5-3和图5-4可知，在整个烘干过程中织物表面温度和瞬时含水率的模拟值与实验值基本吻合，其中恒速烘干阶段的吻合度最高，因为恒速阶段，加热丝提供的热量基本全部用于织物内水分蒸发，此阶段蒸发的水分基本属于自由水，更符合理论假设，故拟合度最高。然而，烘干初期的织物温度的模拟值均低于试验值，因为烘干初期，织物温度较低，与烘干气流接触时产生了瞬态对流热效应，故导致织物实际温度上升较快，比模拟的结果要大。同时由于织物本身的毛细多孔性会对织物导热产生一定程度的延时，因此其表面温度所显示出的温度变化现象比织物的平均温度变化迟缓。相反，烘干后期，织物表面的模拟温度高于试验值，这是因为在建立模型时，假设滚筒内壁面温度在稳态循环下沿滚筒壁面处处相等且为定值，这样求得的滚筒内壁面温度是一个平均值，而实际上，内壁面温度会有变化且沿内壁面分布不均匀，在载有织物的位置，由于织物中水分的大量蒸发，滚筒内壁面温度低于平均值，导致内外壁面温差小，热通量小，织物温度的试验值低于模拟值，这也是造成模拟值与实际值有偏差的主要原因。此外，由于织物表面与空气之间的热量损失除了以对流形式交换，还有部分以辐射形式传递到空气中，也会造成织物温度低于模拟值。而且，引起误差的因素也可能是测量织物质量时由于织物温度较高而继续被烘干。

由图5-3和图5-4可知，烘干过程中织物温度变化明显分为四个阶段：第一阶段，织物温度较低，由于突然接触到高温的烘干气流，且织物含湿量较大，因此湿织物导热系数较大，又因此时织物温度较低，饱和空气层的水蒸气分压力小，传质现象不明显，因此所吸收的热量基本都用来加热织物本身，且第一阶段初始空气温度高于织物温度，也会对织物进行加热，因此，这一阶段织物的温度上升很快；第二阶段，织物此时温度较高，导热现象和对流传热现象随着热传递和质传递过程的进行都基本趋于稳定状态，由于此阶段所占的比例较大，因此充分延长此阶段的时间对织物的烘干很有好处；第三阶段，织物表面温度迅速增加，织物表面饱和空气层的温度也迅速增加，导致水蒸气分压力增加较快，传质动力因此而迅速下降，织物失水速率下降；第四阶段，加热丝停止加热，温度较低的烘干气流流经温度较高的织物表面，导致织物表面温度下降。

此外，对比不同加热丝功率的织物表面温度和含水率变化曲线，也可发现，温度越高，织物的烘干时间越短，织物表面达到的最高温度也越高。但由于为了保证织物烘后的性能，加热丝功率不能太高，否则会导致织物烘后性能下降甚至损伤织物。同时还发现，随着烘干的进行，织物的烘干速度逐渐下降，这是因为随着烘干的进行，虽然织物表面的饱和空气层中水蒸气的分压力会随着织物温度的增加而增加，但有限空间内的水蒸气分压力也在增加，而且增加幅度比饱和空气层中的水蒸气分压力要大，因此传质动力并没有增加，反而减少。而且织物内部结构对传湿也有延迟作用，所以烘干速度会随着烘干的进行而变慢。

总体而言，模拟值和实验值基本吻合，织物表面温度和织物瞬时含水率的模拟值与试验值的匹配程度均可以接受，其中织物表面温度的模拟值与试验值的匹配度高于织物含水率与试验值的匹配度。这说明此模型基本可以真实反映实际情况下织物温度和含水率随时间变化的传递规律。

本章小结

本章在自行研制的织物烘干综合测控平台上进行了织物滚筒烘干传热传质的试验研究，并对滚筒烘干传热传质过程进行了理论分析，建立了织物滚筒烘干传热传质模型，并以纯棉织物为试验对象对方程进行了数值求解，且与试验值对比，验证其模型的合理性。其结果显示：本文所建立的织物滚筒烘干的传热传质模型能够很好地模拟滚筒烘干的织物表面温度和水分含量变化规律，此烘干模型可用于不同烘干条件下，织物表面温度、织物失水速率的预测，并为滚筒干衣机的设计、优化提供参考。

第六章

织物滚筒烘干模式优化

织物烘后性能很大程度上影响消费者购买干衣机的决策及其使用普及度，而烘干时间、烘干能耗、最终含水率、烘干均匀性是影响干衣机烘干技术推广应用的重要因素。因此，如何科学调控烘干过程，在保证织物烘后性能的前提下，进一步提高烘干效率，降低烘干能耗及由此带来的环境影响（CO_2eq.）是目前亟待解决的问题。

同时，纯棉、纯毛织物因其优良的服用性能被广泛应用于服装产品，但是如何护理、使用这类服装的研究很少，尤其是针对干衣机内织物烘后性能变化的研究更为少见。而且，目前现有的关于织物烘干的标准或测试方法仅对烘干前后尺寸收缩率进行了规定，对起毛起球、力学性能、热稳定性、分子结构、化学成分、微观形貌等均未涉及。并且，关于织物性能评价的标准或测试方法都是对于没有经过洗涤或者烘干之后的服装进行相关性能的测试。而且，市面上常见服装也均未给出其烘干护理方式的说明。然而，随着生活节奏、消费方式、居住空间的改变，居民使用干衣机烘干衣物的意识逐渐增强。这预示着，如果干衣机能够保证纯棉、纯毛织物经干衣机烘干后性能变化不大，可极大地促进干衣机走进居民家庭。此外，由报道显示，干衣机整个生命周期的使用成本大约是其购买价格的5倍，所以其使用成本也是影响消费者购买决策的一个重要因素，故在干衣机性能评价时，其使用成本也应作为其中一个考核指标。

因此，本章首先对现有干衣机单一固定烘干模式（常用程序）的烘干过程进行监测，了解其过程变化特性，明确优化方向；然后基于第三、四、五章的烘干试验及理论分析结果，提出正反交替旋转分阶段变参数的优化烘干模式；最后，以纯棉织物和纯毛织物作为需烘干衣物的代表，进行烘干效率、环境经济影响（CO_2eq.和使用成本）及织物烘后各项性能测试，对优化模式的实用性进行验证。以期证明优化烘干模式的优越性、合理性，并为织物烘干技术的发展和设备的改造提供参考。

第一节　烘干模式优化依据

为了实现织物烘干过程的优化，笔者首先进行了现有干衣机常用程序的烘干过程中织物温湿度、运动形态的研究，着重分析了织物瞬时含水率和织物表面温度、运动轨迹、排气口烘干气流的温度及排气口空气湿度的变化情况。

采用海尔品牌型号为GDZ10-977热电直排式干衣机的常用程序（加热丝功率4000W，风速6.8m/s，滚筒转速45~50r/min）作为本节的烘干试验条件，探究通过织物烘干过程优化的方式，在保证织物性能不受影响的情况下，最大限度地挖掘分阶段烘干模式的节能潜力。

通过观察烘干过程可以发现，依据织物表面温度和失水速率变化特征，可将织物从湿润到烘干的整个过程划分为升温阶段、恒速烘干阶段、降速烘干阶段、吹冷风阶段，如图6-1所示。

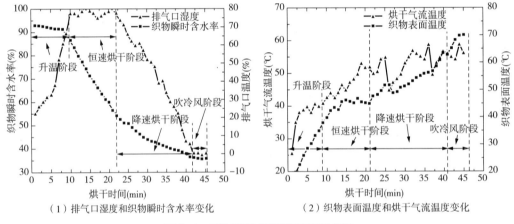

（1）排气口湿度和织物瞬时含水率变化　　　　（2）织物表面温度和烘干气流温度变化

图6-1　织物烘干过程温湿度变化分析

其中，升温阶段是指湿态织物在环境中调节自身的温度，且含水率几乎不变的阶段。这是由于在这一阶段，织物的温度较低，不足以提供织物中的水分大量蒸发所需要的能量，所以水分的迁移速率非常缓慢，加热丝功率提供的能量主要用于织物温度的增加而不是织物内水分的散失。此阶段去除的水分主要是自由水（吸附在织物表面的水分，图6-2）。

恒速烘干阶段是指织物温度基本不变，含水率以恒定的速率下降的阶段，烘干的主要失水阶段。此阶段加热丝提供的能量主要用于织物内水分的迁移，而且此阶段干衣机提供给织物的能量等于织物内水分蒸发所需要的能量。在整个过程中，织物表面的纤维被水分子包围，一直处于饱和状态，去除的水分主要存在于织物表面、纱线间空隙、纤维间空隙中，迁移速率取决于外界环境，即由物料表面水的气化速率决定。而且，传质驱动力是由

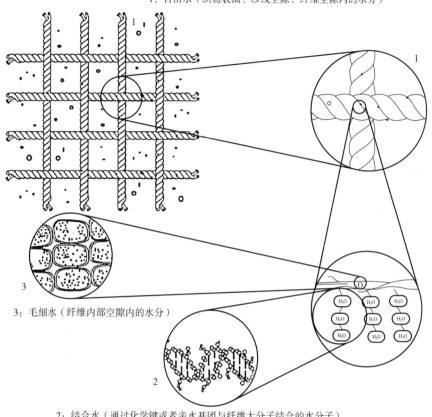

1：自由水（织物表面、纱线空隙、纤维空隙内的水分）

3：毛细水（纤维内部空隙内的水分）

2：结合水（通过化学键或者亲水基团与纤维大分子结合的水分子）

图6-2　织物内部水分存在形式

剧烈蒸发产生的织物表面的水蒸气密度与周围湿空气中的水蒸气密度之差（内外水蒸气气压差）导致的。因而此阶段可以通过改变外界条件提高烘干效率，即采用高风速、大风量把烘干过程物料表面汽化的水蒸气带走。

降速烘干阶段是指织物表面温度明显增加，织物含水率下降速率逐渐下降的阶段。此阶段，织物表面不再处于饱和状态，织物内部的水分开始蒸发。此阶段排除的水分主要是存在于纤维间空隙的水分子，其迁移速率取决于纤维内部水分的扩散速率。如果过烘，氢键与范德华力为主的结合能的破坏，导致纤维内毛细水与结合水的蒸发。此阶段烘干速率与织物内部水分向外迁移速率显著相关，因而其烘干速率明显受限于烘干织物的种类、材料自身传热传质速率。

吹冷风阶段是指实现织物与环境之间的温湿度平衡的阶段。此阶段基本不涉及水分的迁移，但温度迅速下降。

综上所述，每个阶段在织物烘干过程中分别承担着不同的作用，需要去除的水分种类及重量均不同，而且其烘干机理和烘干速率也不相同，故每个阶段需要供给的能量、烘干温度、风速滞留时间、衣物的运动状态是不同的，应根据实际需要分别加以控制，才能达到快速高效烘干衣物的目的。因而干衣机采用全过程参数固定不变的烘干模式是极不合理的，而应采用根据烘干所处阶段实时调整烘干参数的模式。换句话说，现有干衣机普遍采用整个过程单一固定烘干参数的烘干模式是极不合理的。因此，本课题提出了充分利用织物烘干过程中织物温湿度、运动特征的正反交替旋转分阶段变参数烘干模式，最大限度地提高干衣机烘干效率，尽量实现干衣机的全面节能。优化模式中每个阶段的参数确定依据如下。

一、升温阶段的特征分析及优化

如图6-1所示，织物升温阶段经历了10min左右，其阶段特征为：织物预热升温，脱水量较少。这是因为加热丝启动，处于正常工作阶段，烘干气流将携带能量传递给织物，织物温度有明显的上升趋势；此阶段织物温度偏低，主要能量用于织物的温度升高，积累的热量较少，不足以支持织物内部大量水分的蒸发，烘干效率较低。而且，常用程序的试验中，升温阶段加热丝功率为最大功率（4000W），尽管有利于升温，但是以4000W功率运行时的升温速率与以3500W运行时的升温速率差异不大，从节能的角度，应采用较大功率（3500W）较为合理；风速为6.8m/s，不利于将烘干气流携带的热量充分地传递给织物，因而应采用较低风速（4.8m/s），延长热气流在烘干筒内的滞留时间，有利于烘干气流携带的能量充分传递给湿织物；滚筒转速较低（45~50r/min），织物因含水率较高，织物间黏滞力较大，抖散比较困难，导致织物不能充分地抖散和展开，因而应采用较高转速（52~58r/min），使织物充分抛撒抖散。

综上所述，升温阶段的优化方案应为：较高功率（3500W）、较低风速（4.8m/s）、较大滚筒转速（52~58r/min）的烘干参数，以提高织物烘干效率，并保证织物一定的失水速率。

二、恒速烘干阶段的特征分析及优化

如图6-1所示，此阶段段的特征为：织物温度基本不变，织物失水速率基本维持在一个固定的速率逐渐下降。这说明此阶段烘干气流携带的能量主要用于织物内部水分的蒸发，因此此阶段只要保证能够提供支持内部水分蒸发所需要的能量即可。恒速烘干阶段维持了大概30min，占到总烘干时间的70%左右，因此针对此阶段进行工艺优化，对于进一步提高烘干速率和缩短干燥时间意义重大。

在常用程序的烘干试验中，恒速阶段的加热丝功率为最大功率（4000W），可提供足够的能量用于织物内水分的迁移，因而此阶段应以最大功率（4000W）运行；风速为6.8m/s，虽然可适当延长烘干气流在筒内的滞留时间，有利于烘干气流携带能量传递给织物，但是此阶段从织物内蒸发出来的汽化水未能被迅速抽走，使织物表面蒸发的水蒸气分压增大，与烘干环境的水蒸气分压差降低，织物蒸发表面的传质动力下降，抑制了织物内部水分的迁移，因此应采用8.8m/s的风速，既能保证热量充分传递给织物，也能保证织物表面和烘干环境间存在较大的气压差、较大的传质动力；滚筒转速为中等转速（45~50r/min），可充分抖散织物，增加热质交换面积，且结合前面转速对织物运动轨迹分析结果，此阶段也应继续采用中等转速（42~48r/min）。

综上所述，恒速烘干阶段的优化方案应为：最大功率（4000W）、中等风速（8.8m/s）、中等滚筒转速（42~48r/min）的烘干参数，以最大限度地提供织物内部水分蒸发所需要的能量和蒸发动力。

三、降速烘干阶段的特征分析及优化

如图6-1所示，降速烘干阶段的特征为：织物表面温度呈现急剧上升趋势，织物失水速率继续呈现下降趋势，但是下降速率有所减慢。这是由于随着烘干的进行，织物中含有的水分在减少，且主要是纤维内毛细水与结合水，实现这部分水分蒸发必须克服以氢键和范德华力为主的结合能，破坏结合能一般较困难，所以烘干速率下降。同时，在此阶段内部水分逐渐向表面迁移，但由于干燥区域向内扩散所形成的阻力，使迁移速率下降，导致热空气传给织物的显热超过了水分汽化所需的潜热，只有部分热量用于水分汽化，多余的热量将用于织物升温。

在常用程序的烘干试验中，此阶段的加热丝功率为最大功率（4000W），功率过大，导致织物表面温度过高，造成织物性能下降，同时，过高温度也会导致局部气压较大，不利于织物内部水分的迁移，因此应采用较低功率（2500W）运行，既保证了织物内部少量水分蒸发所需要的能量，节约了能源，也有利于织物表面温度的降低；风速为6.8m/s，既保证将烘干气流携带能量充分传递给织物，也保证织物表面和烘干气流之间具有较大的迁移动力；滚筒转速为中等转速（45~50r/min），织物呈现紧贴筒壁的旋转运动，增加了织物内水分的迁移阻力，不利于织物铺展，使织物可能会呈团状或者带状被挤压在一起随筒壁运动，而此阶段的筒壁温度又比较高，进而对织物产生一定程度的熨烫作用，因此应降低滚筒转速（42~48r/min），保证织物充分抛撒，呈充分舒展状态。

综上所述，降速烘干阶段的优化方案应为：较小功率（2500W）、中等风速（6.8m/s）、较低滚筒转速（42~48r/min）的烘干参数，以最大限度地降低织物表面温度，减少织物烘后性能的下降幅度，并保证织物内部少量水分蒸发所需要的能量和较小的迁移阻力。

四、吹冷风阶段的特征分析及优化

如图6-1所示，吹冷风阶段的特征为：织物表面温度呈显著下降趋势，而水分迁移速率几乎为0，这是因为此阶段加热丝已处于切断状态，不再提供能量给烘干气流，而风机却处于正常工作状态，低温气流不断流经织物表面，带走前面烘干阶段织物所蓄积的能量，因而织物表面温度下降。同时，此阶段织物基本处在烘干末期，其含水量基本很小，其水分又属于存在于纤维内部和通过化学键或者极性键结合的结合力较大的结合水和毛细水，因此此阶段的失水速率几乎为0。

常用程序的烘干试验中，此阶段加热丝处于断开状态，无热源供应，有利于织物表面温度急剧下降，避免织物长时间处于较高温度的环境中，减少烘后织物性能的下降幅度，因此此阶段应继续采用加热丝断开形态，即加热丝功率为0W；中等风速（6.8m/s）相对较小，此阶段应采用较大风速（10.8m/s），这样既可以实现织物表面温度迅速降到室温的目的，也可以避免较高湿度的室温空气流经织物表面时，滞留时间过长，导致织物返潮吸收水分，使得织物最终含水率增加；滚筒转速为中等转速（45~50r/min），织物呈现紧贴筒壁的旋转运动，增加了织物内水分的迁移阻力，不利于织物铺展，使织物可能会呈团状或者带状被挤压在一起随筒壁运动，不利于织物表面温度的迅速降低，因而此阶段应该选择最适合衣物抖散铺展的滚筒转速（42~48r/min），保证织物充分抛撒，呈充分舒展状态。

综上所述，降吹冷风阶段的优化方案应为：功率0W、较大风速（10.8m/s）、较低滚筒转速（42~48r/min）的烘干参数，以便最大速率地降低织物表面温度，减少织物烘后性能的下降幅度，并尽量避免室内空气湿度流过织物表面导致织物最终含水率增加的趋势。

五、运动方式的特征分析及优化

在常用程序的整个烘干过程中，滚筒一直做逆时针单方向旋转运动，织物也随其一直做单方向旋转运动。在这个过程中，一旦织物纠缠就很难打开，且随着烘干的进行织物纠缠的会越来越严重，甚至造成烘干程序结束时，织物被纠缠成一个类似于具有一定直径和捻度结构长条状织物状态而不是铺展的纸张状态。显然，这不仅增加了织物内部水分向表面迁移的距离（厚度），也减少了织物与热气流进行传热传质的面积。相反，采用正反交替旋转的运动状态，可极大改善由于单方向旋转造成的缠绕问题。因为正方向旋转造成的纠缠问题，可以通过反方向运动抖散或者缓解纠缠，进而使织物的铺展更为充分，提高烘干效率，节约烘干时间和烘干能源。

综上所述，运动方式的优化方案为：采用正反交替旋转的运动状态，最大限度地改善由于单方向旋转造成的缠绕、抛撒铺展不充分的问题。

第二节　织物滚筒烘干模式优化测试

一、试验材料

（一）试验样品

选择从杭州通惠面料公司购买的未经抗皱整理的纯棉织物和经过防缩整理的纯毛织物作为实验样品，并将其详细尺寸规格如表6-1所示。为了消除试样因制造过程张力或者表面残留的浆料对试验造成影响，所有试验试样在进行试验前，均进行了3次预洗处理，并悬挂晾干，再将其放置在温度为（20±2）℃，湿度为（65±2）%的恒温恒湿环境中平衡24h后进行裁样。此外，采用不同经不同纬的取样方法，以便保证实验的随机性和科学性。

表6-1　试验样品规格尺寸

面料	组织结构	织物密度（根/10cm）		捻度（捻/10cm）		单位面积质量（g/m^2）	厚度（mm）
		经向	纬向	经向	纬向		
纯棉织物	平纹	303	269	121	118	118.58	0.23
纯毛织物	经编罗纹	280	350	69	70	325	1.03

（二）陪洗布

同"第三章第三节一、（一）"所用陪洗布。

二、试验设备与仪器

本节所用试验仪器设备除了用于烘干前预处理的全自动洗衣机（MD80-1407LIDG）和自行改装搭建的织物表面温度及织物重量实时记录的干衣机烘干测控平台（干衣机是市场上购买的型号为GZD10-977的海尔最原始热电直排式干衣机）、织物烘干效率测试的相关设备仪器外，还用到了测试织物各种指标性能变化的测试设备，具体如表6-2所示。

表6-2　试验所用设备一览表

仪器或设备名称	型号	用途	设备制造商
全自动滚筒洗衣机	MD80-1407LIDG	洗涤	无锡小天鹅有限公司

续表

仪器或设备名称	型号	用途	设备制造商
热电直排式干衣机	GDZ10-977	烘干	青岛海尔有限公司
台秤	HT12	测试织物实时重量	上海香川电子衡器厂
红外热像仪	OPI450	测试织物表面温度	欧普士（德国）
扫描电镜	JSM-5310	纤维表面微观形貌分析	JEOL公司（日本）
X-衍射分析仪	Max 2500PC	纤维成分分析	理学（Rigaku）公司（日本）
热重分析仪	Perkin-Elmer Pyris 1	纤维热稳定性分析	流变科学公司（美国）（Rheometric Scientific）

三、试验方法

（一）试验方案

为了验证上述优化方案的效果，本节进行了常用程序和优化程序的对照试验，其试验条件及各阶段分界点具体如表6-3和表6-4所示。

表6-3　分阶段变参数烘干模式的各阶段分界点

分界点	第一阶段	第二阶段	第三阶段	第四阶段
排气口湿度（%）	100	95	42	38

表6-4　优化模式试验条件一览表

试验编号	烘干各阶段参数设置												旋转状态
	加热丝功率（±10W）				风速（±0.3m/s）				滚筒转速（r/m）				
	S1	S2	S3	S4	S1	S2	S3	S4	S1	S2	S3	S4	
1	4000	4000	4000	0	6.8	6.8	6.8	6.8	45~50	45~50	45~50	45~50	单方向
2	3500	4000	2500	0	4.8	8.8	6.8	10.8	52~58	42~48	42~48	42~48	单方向
3	3500	4000	2500	0	4.8	8.8	6.8	10.8	52~58	42~48	42~48	42~48	正反交替

注　试验1为单一固定烘干模式（现有干衣机常用程序）试验；试验2、3为分界段烘干模式试验。

（二）测试方法

为了探究不同烘干模式对烘干效率、环境经济及织物烘后性能的影响，需测试不同烘干模式下的烘干时间、烘干能耗、最终含水率、烘干均匀性、平整度、尺寸稳定性、起毛起球、弯曲刚度、结晶度、微观形貌等性能。其中，烘干时间、烘干能耗、烘干均匀性、平整度、最终含水率测试方法同"第三章第三节三、（二）"的测试方法。其他测试方法如下：

环境经济影响计算：参照美国环保局提供的CO_2eq.转化因子（0.7086kgCO_2eq./kWh）和使用成本转化因子（0.00994美元/kWh）进行计算。

尺寸稳定性测试：参照ISO 3759—2007纺织品测定尺寸变化试验用服装和织物样品的制备、标记和测量。

起毛起球测试：参照GB/T 4802.3—2008起毛起球性能的测定第3部分起球箱进行相关测试。

弯曲刚度测试：采用KES-FB织物风格仪进行测试。测试前，将裁剪成20cm×20cm实验样品，放在恒温恒湿[（20±2）℃、相对湿度（65±2）%]实验室环境下，平衡24h，再进行测试。

结晶度测试：使用型号为Max 2500PC广角X射线衍射仪进行烘干对羊毛纤维结晶度影响研究，电压46kV，电流100mA，CuKα辐射，λ=15.4050nm；扫描范围2θ = 3°~80°，步长0.02°，扫描速度2°/min。测试方法：玻璃压片，纤维直接测量，并参考Segal L.提出的计算结晶指数的经验公式分析其结晶度变化：

$$Cr.I = \frac{I_9^0 - I_{16}^0}{I_9^0} \times 100\% \tag{6-1}$$

式中：$Cr.I$——结晶度；

$\quad I_9^0$——2θ = 9时，最大衍射峰强度（2θ为横坐标值）；

$\quad I_{16}^0$——2θ = 16时，左右峰谷的衍射峰强度。

热重分析采用美国Perkin-Elmer Pyris 1型热重分析仪，样品置于氮气流中。氮气流量为20mL/min，升温速率为10℃/min，TGA测量温度范围为30~600℃。

微观形貌测试，采用日本JEOL公司型号为JSM-5310扫描电镜对烘干前后的织物表面形态进行观察，加速电压为10kV。

第三节　优化烘干模式效果评价

一、烘干效率评价

（一）烘干能耗

由图6-3可知，不论是纯棉织物还是纯毛织物，正反交替旋转分阶段烘干模式的烘干能耗最小，单方向旋转分阶段烘干模式的烘干能耗次之，单一固定烘干模式的烘干能耗最大。具体来说，对比纯棉织物的三种烘干模式发现，相比于单一固定烘干模式（试验1），单方向旋转分阶段烘干模式（试验2）节约了5.43%的烘干能耗，正反交替旋转分阶段烘干模式（试验3）节约了12.77%的烘干能耗。对比纯毛织物的三种烘干模式发现，相比于单一固定烘干模式（试验1），单方向旋转分阶段烘干模式（试验2）节约了5.97%的烘干能耗，正反交替旋转分阶段烘干模式（试验3）节约了14.67%的烘干能耗。

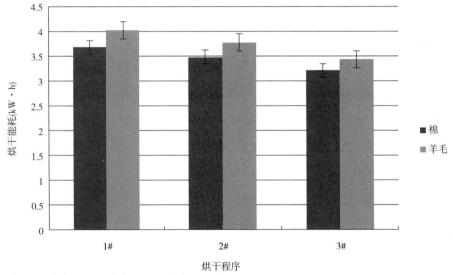

注　1#：试验1；2#：试验2；3#：试验3。

图6-3　不同烘干模式的烘干能耗

这是因为分阶段性烘干模式能够根据烘干所处阶段，合理地调整各烘干参数，使每个阶段能源利用率到达最大。具体如下：

升温阶段，织物的温度低于烘干气流的温度，水分蒸发比较缓慢，几乎保持不变，故此阶段主要作用是使织物快速升温，并以最快的速率进入烘干主阶段（恒速烘干阶段）。而对比三种烘干模式的烘干参数设定发现，单方向旋转分阶段烘干模式和正反交替旋转的加热丝功率均采用的是3500W，而单一固定烘干模式（干衣机常用程序）的加热丝功率为4000W，结合第三章第三节结论，加热丝功率4000W和加热丝功率3500W的升温速率差异不大，故采用3500W更为节能。同时，在此阶段，单一固定烘干模式（干衣机常用程序）的风速为6.8m/s，导致烘干气流在筒内滞留时间较短，烘干气流携带能量未能与织物充分交换就离开烘干腔，进而导致能量利用率较低，烘干能耗增加。相反，单方向旋转分阶段烘干和正反交替旋转分阶段烘干均采用较低风速（4.8m/s），延长了烘干气流在滚筒内的滞留时间，增加与湿衣物进行热量交换的时间，故烘干能耗较小。单一固定烘干模式的滚筒转速为45~50r/min属于中等转速范围，但是这一转速对于含水率较高的织物是不能保证织物迅速破团、充分抖散的，故进一步增加了烘干能耗。而分阶段烘干模式采用更高的转速（52~58r/min），因织物受到较大离心力的作用，可迅速破团、充分抛撒，增加了织物与烘干气流交换面积，故烘干能耗较小。此外，正反交替旋转分阶段变参数烘干模式的烘干能耗比单方向旋转分阶段烘干的能耗更少，这是因为相比于单方向旋转，正反交替旋转可以更大限度地抖散衣物，增加织物与热气流接触的面积，进而提高了干燥效率，降低了烘干能耗。

恒速烘干阶段是织物内水分被大量蒸发的阶段，此阶段的织物失水速率的高低对于整个烘干过程的烘干耗能至关重要。对比三种烘干模式此阶段的烘干参数发现，单一固定烘干模式的风速为6.8m/s，低于单方向旋转分阶段烘干模式和正反交替旋转分阶段烘干模式采用的风速为8.8m/s。结合"第三章第三节二、"风速对烘干效率的影响分析结论，在其他条件相同的条件下，风速为8.8m/s可保证烘干气流与织物表面存在较大的水蒸气压力差，更有利于织物内水分向烘干气流迁移，因而此阶段采用8.8m/s的风速更节能。

降速烘干阶段主要决定织物最终的烘干程度，迁移少量存在于织物表面、纱线间空隙、纤维间空隙的自由水和部分通过化学键或者亲水基团结合的结合水。因而此阶段应该采用较小的加热丝功率和较低的风速，中等滚筒转速作为烘干参数。对比三种烘干模式的烘干参数设定发现，单一固定烘干模式（常用程序）的加热丝功率仍然是4000W，由于此功率加热后的空气携带的能量远远超过织物内少量水分蒸发所需要的能量，导致多余的能量只能用于织物表面温度进一步升高，而不是织物内水分的蒸发。同时，织物表面温度越高，导致织物表面的水蒸气分压越高，越限制织物内水分向外迁移的速率，故导致织物烘干效率下降，烘干能耗增加。此外，单一固定烘干模式（干衣机常用程序）的滚筒转速仍然为45~55r/min，但是这个转速对于此阶段含水率较少的织物来说偏高。因为随着烘干的进行，织物的质量下降，同样的转速可以保证恒速烘干阶段织物运动模式良好，但是降速阶段就会出现衣物紧贴筒壁，不能均匀地分布、充满整个干燥腔，故此阶段的滚筒转速相比于前一阶段需要轻微降低。而且通过观察织物运动模式发现织物在此阶段紧贴筒壁，烘干腔的中心位置始终没有织物出现，即烘干界面出现一个明显的风洞，导致织物与烘干气流的交换面积较小，而且部分烘干气流未与织物交换，就直接离开烘干腔，也证明了降速阶段的转速应低于恒速烘干阶段转速的合理性。相反，单方向旋转分阶段烘干模式和正反交替旋转分阶段烘干模式的滚筒转速均采用42~48r/min，低于恒速烘干阶段（45~50r/min）。

因而此滚筒转速（42~48r/min）可保证织物均匀地铺展在滚筒内，烘干界面无明显风洞出现，故节省了烘干能耗。而且，此滚筒转速42~48r/min也可以保证织物经历不断地滑移、举起、旋转、抛撒、滞留在空中、坠落等复合运动模式，这种复合运动模式烘干效率明显高于单一的旋转、滑移运动模式的烘干效率，故降低了烘干能耗。

此外，结合水与织物结合的结合力是自由水与织物结合的结合力的30倍，因此这部分水分的迁移速率是十分缓慢的。所以在这个阶段应该采用较小的加热丝功率、较高的风速和较低的滚筒转速，从而保证织物表面的温度不会升高很多，避免织物发生热损伤。采用较低功率（2500W），否则很容易造成织物表面温度的进一步增加，织物表面的水分蒸汽压力过大，超过织物内部水分的蒸汽压，限制织物内部水分向织物表面的迁移。较高的风速（8.8m/s）有利于温湿气体迅速离开烘干腔。而且随着烘干的进行，织物的重量减小，提供织物均匀抖散的离心力减小，所以应该使用较低的转速（42~48r/min）。转速过大只会造成织物被挤压成一个长条沿筒壁运动，从而降低烘干后的外观平整度。

吹冷风阶段，主要作用就是迅速降低织物表面温度，并尽量避免织物因回潮导致织物最终含水率较高。因而在这个阶段应该采用断开加热丝（0W）、较高的风速（10.8m/s）以及较低的滚筒转速（42~48r/min），因为只有这样，才能保证织物表面的温度迅速下降，避免织物因回潮而导致最终含水率超标。对比三种烘干模式此阶段的烘干参数设定发现，单一固定烘干模式的风速仍然保持为6.8m/s，低于单方向旋转分阶段模式和正反交替旋转分阶段模式的风速（10.8m/s），一方面导致低温气流在筒内滞留时间过长，织物表面温度不能迅速下降，延长了高温作用时间，损伤织物。另一方面，导致低温气流内的水分会进入含水率较低的织物，使最终含水率升高。

此外，在整个烘干过程中，采用正反交替旋转的烘干模式，织物抛撒最充分、织物纠缠最少、织物占据筒界面面积最大、烘干效率最高、烘后外观平整度最高。

同时，对比相同烘干模式下的两种织物的烘干能耗发现，羊毛织物的烘干能耗总是高于棉织物的烘干能耗。原因如下：

（1）纤维亲水性能差异：棉纤维的亲水性明显高于羊毛织物的亲水性，故棉织物吸收的水分更难被迁移，故烘干时间较长。同时，棉纤维的吸水率也高于毛织物的吸水率，故棉织物吸收的水分多于羊毛织物吸收的水分，移除更多的水分需要的能量必然增多，故棉织物的烘干时间、烘干能耗增加。

（2）微观结构差异：由于棉纤维和毛纤维本身结构差异，棉织物内的水分子结合力大于羊毛织物内水分子的结合力，所以烘干时棉织物需要更多的能量。

（二）烘干时间

由图6-4可知，不论棉织物还是毛织物，正反交替旋转分阶段烘干模式的烘干时间最短（节约了10%的时间），单一固定烘干三种烘干模式的烘干时间次之，单方向旋转分阶段烘干模式的烘干时间最长。对比三种烘干模式的烘干参数设定发现，相比于单方向旋转分阶段烘干模式的烘干参数，单一固定烘干模式的整个烘干过程加热丝功率均为4000W，功率较高，烘干气流携带的能量较多，有利于织物内水分的蒸发，故烘干时间较短。而正反交替分阶段烘干模式的全过程的参数设定同单方向旋转分阶段的烘干参数设定，但是其增加了正反交替旋转，织物不会出现单方向旋转的缠绕或者抱团现象，增加了织物与烘干气流的接触面积，降低了织物的烘干厚度，烘干效率较高，因而烘干时间最短。

此外，对比两种织物发现，不论何种烘干模式，相同烘干模式下，棉织物的烘干时间总小于毛织物的烘干时间。这是因为棉织物较轻薄，毛织物较厚重，而织物越厚，内部分子迁移到表面的距离越大，迁移所需要花费的时间越长，故烘干时间越长。同时，羊毛织物因单位面积质量远大于棉织物的单位面积质量，结合"第四章第四节一、"织物性能与运动模式的关系可知，织物越厚重，织物被举升筋举起的高度越低、空中滞留时间越短，越不利于织物内水分的迁移，故进一步延长了烘干时间。

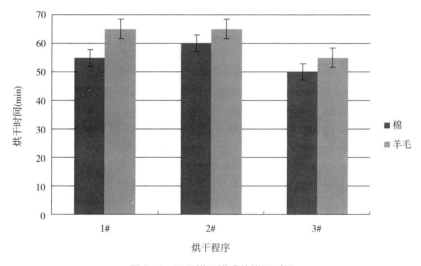

图6-4　不同烘干模式的烘干时间

（三）最终含水率

如图6-5所示，对比三种烘干模式，单一固定烘干模式（常用程序）的最终含水率最低，这是因为这种烘干模式烘干后期的织物温度最高，使得内部水分蒸发的更充分，故最终含水率最低。而分阶段烘干模式烘干后期的织物表面温度较低，很难使内部的结合水也充分迁移，故最终含水率较高。而且对比两种织物的最终含水率发现，不论何种烘干模式，棉织物的最终含水均低于毛织物的最终含水率，这是因为羊毛织物在标准状态下的回潮率（15%~17%）明显高于纯棉织物的回潮率（7%~8%），因此羊毛织物烘干后毛织物会有较高含水率。

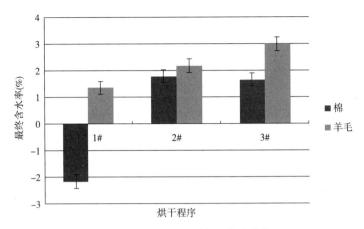

图6-5　不同烘干模式的最终含水率

（四）烘干均匀性

如图6-6所示，对比三种烘干模式发现，不论何种织物，正反交替旋转分阶段烘干模式的烘干均匀性均最好，单一固定烘干模式（常用程序）和单方向旋转分阶段烘干模式的烘干均匀性较差，且两者差异不大。这是因为正反交替旋转更容易抖散织物，织物受热更均匀，故烘干均匀性更好。而且相同烘干模式下，两种织物的烘干均匀性差异不大，因为烘干均匀性主要与织物受热均匀程度和织物在烘干气流中的铺展状态有关，且与织物种类关系不大。

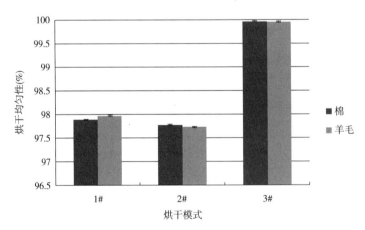

图6-6　不同烘干模式的烘干均匀性

二、环境经济影响评价

（一）CO_2当量（CO_2eq.）

由表6-5可知，对比三种烘干模式下的CO_2eq.发现，烘干相同质量的衣物，单一固定烘干模式（现有干衣机常用模式）的$CO_2eq.$最多，正反交替旋转分阶段烘干模式的$CO_2eq.$最少。根据相关资料报道，在干衣机整个生命周期内，一般使用次数为800~1200次。为了计算方便，本研究假设在干衣机整个生命周期内，使用次数为1000次。正如表6-5所示，使用正反交替旋转分阶段烘干模式烘干织物（以棉织物为例），单次可降低$CO_2eq.$0.333042kg（12.7%），一台干衣机在整个生命周期内可减少333.042kg。显然，如果全球的干衣机均使用正反交替分阶段变参数烘干模式，其降低的环境影响是十分客观的。

表6-5　不同烘干模式的$CO_2eq.$结果　　　　单位：kg

$CO_2eq.$	单一固定烘干模式	单方向旋转分阶段烘干模式	正反交替旋转分阶段烘干模式
纯棉织物	2.607648	2.465928	2.274606
纯羊毛织物	2.848572	2.678508	2.430498

注　为了模拟家庭实际使用情况，本表中的烘干负载为3kg，初始含水率为70%。

（二）使用成本

由表6-6可知，对比三种烘干模式下的使用成本发现，相比于单一固定烘干模式（现有干衣机常用模式），使用正反交替旋转分阶段烘干模式烘干相同质量的衣物（以棉织物为例），其单次使用成本下降了0.046718美元（12.7%）。同样，按照整个生命周期1000次计算，一台干衣机整个生命周期的使用成本可减少46.718美元。显然，可以降低消费者的使用成本。同理，对比羊毛织物在三种烘干模式下的使用成本发现，相比于单一固定烘干模式（现有干衣机常用模式），使用正反交替旋转分阶段烘干模式烘干相同质量的羊毛衣物，也可显著降低其护理成本。另外，随着消费者环保意识的增强，如何实现可持续家庭消费或者护理也成为制约家电产业发展的一个重要因素。

表6-6　不同烘干模式的使用成本结果　　　　单位：美元

织物类型	使用成本		
	单一固定烘干模式	单方向旋转分阶段烘干模式	正反交替旋转分阶段烘干模式
纯棉织物	0.365792	0.345912	0.319074
纯羊毛织物	0.399588	0.375732	0.340942

三、织物烘后性能评价

（一）平整度

如图6-7所示，对比棉织物三种烘干模式下的平整度发现，相比于单一固定烘干模式（试验1），单方向旋转的分阶段变参数烘干模式（试验2）的平整度提高了0.9，正反交替的分阶段变参数烘干模式（试验3）的平整度提高了1.2。这是因为对比单一固定烘干形态（试验1），单方向旋转分阶段性烘干模式烘干后期的织物表面温度较低，避免了烘干前期织物在滚筒形成折皱的定型，因而烘后的平整度较高（2.1）。而正反交替旋转的阶段性烘干模式（试验3），不仅降低了烘干后期织物的温度，而且正反交替旋转也为织物的抖散或者抛撒提供了条件，避免在烘干过程中织物因纠缠在一起，而导致织物烘后外观平整度较差的问题，因此正反交替旋转的分阶段变参数烘干模式更有利于提高织物烘后平整度（2.8）。

此外，对比三种烘干模式烘干后的毛织物的平整度发现，烘干模式轻微影响织物平整度，且分阶段烘干模式的织物平整度较高。而且其平整度均高于棉织物的平整度，这是因为棉纤维大分子的结晶度和取向度都很高（结晶度为65%~72%，取向度一般在20°~30°）；羊毛纤维的结晶颗粒较小，连续性较差，取向度也较低。在产生折皱之后，毛织物更易改变现有状态，更易消除折皱。而且棉织物的弯曲刚度为$3.66 \times 10^{-4} cN \cdot cm^2 \cdot tex^{-2}$，毛织物的弯曲刚度为$1.18 \times 10^{-4} cN \cdot cm^2 \cdot tex^{-2}$，毛织物更易变形，因此羊毛织物烘干后的外观平整度更好。

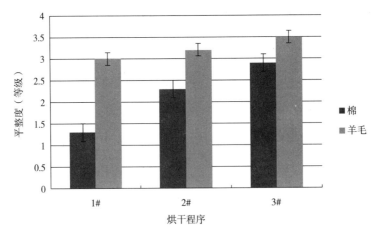

图6-7　不同烘干模式的平整度

（二）尺寸稳定性

如表6-7所示，滚筒烘干对棉织物尺寸变化影响不大，均低于相关标准规定的5%的尺寸收缩要求，这说明使用滚筒烘干棉织物基本不会出现尺寸问题。而且棉织物发生轻微的尺寸收缩，是由于棉织物与水分子结合，发生了应力松弛，进而导致其尺寸发生轻微收缩。同时，棉纤维属于亲水性纤维，纤维分子很容易发生吸湿膨胀，导致纤维直径增加、织物内纱线间空隙减小、纱线排列变得更加紧密，进而导致织物尺寸收缩。当织物烘干后，织物烘干导致纱线内水分的丢失，进而导致尺寸收缩。

同时，对比棉织物的三种烘干模式发现，相比于单一固定烘干模式（试验1），单方向旋转分阶段性烘干模式（试验2）和正反交替旋转分阶段性烘干模式（试验3）的尺寸差异较大，且单方向旋转分阶段性烘干模式（试验2）和正反交替旋转分阶段性烘干模式（试验3）的尺寸差异较小，这说明影响棉织物尺寸变化的因素主要是加热丝功率和最终含水率，而不是运动模式。因为棉织物的尺寸变化是纤维吸湿溶胀和烘干后的失水收缩的不平衡导致的，因而主要与织物最终的含水率有关，与棉织物烘干过程的运动模式关系不明显。

对比毛织物三种烘干模式下的尺寸变化发现，正反交替旋转分阶段烘干模式的尺寸收缩最小（1.2%），单一固定烘干模式的尺寸收缩最大（8.2%），单方向旋转分阶段烘干的尺寸变化次之（5.2%），这说明运动是导致毛织物尺寸收缩的主要因素，温度是次要因素。这是因为相比于平纹棉织物，毛织物属于由圈柱和圈弧构成的针织物，其在外力的作用下，极易导致纱线间空隙的变化、织物内纱线位置的转移扭曲，如果变化后的纱线空隙小于原来的空隙，就会导致尺寸的收缩。

此外，由表6-7可知，不论何种织物，织物的尺寸收缩均主要发生在经向而不是纬向，即经向织物尺寸变化大于纬向尺寸变化。这是因为在织物生产制造的过程中，经向纱线处于拉伸状态，具有较大的拉伸应力，因而当织物完全松弛后，其尺寸收缩较大。此外，织物尺寸收缩也归因于织物经纬密的增加，例如，棉织物经向单位长度内纱线根数从37增加到38，纬向单位长度内的纱线根数从32增加到34。同时，发现无论何种烘干模式，羊毛织物的尺寸收缩均大于棉织物的尺寸收缩。这是因为羊毛独特的卷曲结构和顺逆摩擦效应，很容易使其相互纠缠，纱线变得很拥挤，宏观表现就是织物尺寸变化。另外，烘干是一个温湿度不断变化的过程，因而在烘干过程中，随着温度的增加，毛织物微观结构会发生如下改变：分子间次价键不断发生旋转、滑移、断裂等运动，同时，β型分子结构不断向 α 螺旋链分子结构转变，这就导致分子不断伸展变成自由卷曲状态，直至稳定。上述微观结构的改变，在宏观上就会表现为织物收缩。

表6-7　不同烘干模式的尺寸变化结果

尺寸稳定性	烘干模式		
	单一固定模式（%）	单方向旋转阶段模式（%）	正反交替旋转阶段模式（%）
棉织物经向	1.58	0.89	0.71

续表

尺寸稳定性	烘干模式		
	单一固定模式（%）	单方向旋转阶段模式（%）	正反交替旋转阶段模式（%）
棉织物纬向	0.031	0.003	0.045
毛织物纵列	8.2	5.2	1.2
毛织物横行	2.3	1.8	1.2

（三）起毛起球

由图6-8所示，不论何种烘干模式，棉织物的起毛起球等级变化不大且均超过3.2级，这说明烘干不会导致棉织物起毛起球。相反，对比不同烘干模式下的毛织物起毛起球等级发现，相比于单一固定烘干模式的起毛起球等级（2.0），单方向旋转分阶段烘干模式的起毛起球等级提高了0.6级，正反交替旋转分阶段烘干模式的起毛起球等级提高了1.5级。这说明干衣机烘干会显著影响羊毛织物的起毛起球性能，而且正反交替旋转是解决羊毛织物起毛起球问题的重要手段。这是因为不同于棉纤维，羊毛纤维表面有一层鳞片结构，这种结构在烘干滚筒内极易被破坏，导致其表面摩擦系数增大，表面绒毛缠结在一起。而且烘干时间越长这种缠结越明显，这也是单方向旋转阶段烘干模式和单一固定烘干模式的起毛起球等级低于正反交替旋转的起毛起球等级的原因。而且烘干时间越长，固着纤维也容易断裂或被抽拔出来，卷入球体内，进一步导致毛球增加。其实，球增长的过程会使纤维从织物表面大量移出，甚至造成织物外观损伤。正如Conti and Tassinai理论所述，织物表面起球本质就是那些严格限制的储备绒毛的缠结点，其发生在表面起绒完成之后。干衣机

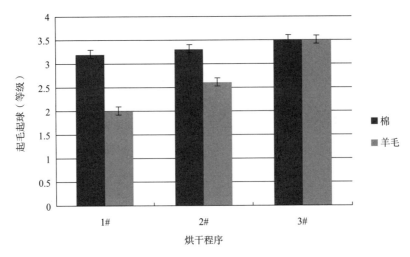

图6-8　不同烘干模式下的起毛气球等级

内织物烘干会存在多种摩擦力（衣物之间摩擦力、衣物与桶壁之间的摩擦力、重力、离心力）同时作用，这必然会导致织物表面毛羽增加，毛羽不断揉搓就会纠缠成小球，因此经过干衣机烘干处理后的毛织物表面起球起毛现象会逐渐增加。烘干是一个热气流与含湿衣物不断热质交换的过程，长期处于这种热湿环境必然导致羊毛表面鳞片结构严重受损，表面出现裂隙或者鳞片边缘起翘现象，随着烘干过程的进行，这种现象越来越明显，最终导致织物表面失去毛感。因而起球不仅是影响织物美观的现象，更是一种磨损机理。而且对比两种织物，其起毛起球等级均低于原样，这是因为烘干过程是一个在高温高湿环境下，织物不断缠绕、抛甩、揉搓、撞击筒壁的过程。高温低湿环境及机械搅拌为羊毛纤维的定向迁移提供了良好的条件，而羊毛纤维表面的鳞片结构又会阻止迁移纤维回复到原来位置，滞留在织物表面，揉搓成小球，即起毛起球。

（四）弯曲刚度

如表6-8所示，就棉织物而言，相比于未烘干织物，滚筒烘干后的织物弯曲刚度均呈上升趋势。这是因为棉纤维属于亲水性纤维，很容易吸收水分，导致纱线直径增加，纱线间空隙减小，纱线距离变得"拥挤"，织物厚度增加。而弯曲刚度又与织物厚度成正比，所以弯曲刚度增加。同时，滚筒烘干也会导致织物经纬密度增加，这也进一步增加了织物的弯曲刚度。此外，织物烘干是一个通过高温气流将织物内的多余水分迁出的过程。在这个过程中，纤维分子可能发生滑移或者分子链的重排，导致极性分子链间的结合更加牢固，进而导致弯曲刚度增加。而且，棉纤维长时间处在这种高温高湿的环境中，有可能导致纤维素 I 转变成纤维素 II，使得织物原纤化程度增加，也会导致弯曲刚度增加。此外，对比三种烘干形态发现，单一固定烘干模式（试验1）处理后的织物弯曲刚度最大，单方向旋转的阶段性烘干模式（试验2）处理后的织物弯曲刚度居中，正反交替的阶段性烘干模式（试验3）处理后的织物弯曲刚度最小。这是因为相比于分阶段变参数烘干模式（试验2和试验3），单一固定烘干形态（试验1）的织物表面温度最高，而且织物处在湿热环境中的时间最长，导致纤维素 I 转变成纤维素 II，使得织物原纤化程度增加，弯曲刚度增加。相反，试验3烘干时间最短，织物处在湿热环境的时间最短，所以受环境影响最小，故弯曲刚度变化最小。

经过滚筒烘干后的毛织物，其弯曲刚度下降。这是因为羊毛纤维经过滚筒烘干处理后，纤维原纤化比较严重，较多的纤维从纱线内抽拔出来，导致纱线内部纤维排列不整齐，故弯曲刚度下降。而且，羊毛纤维属于蛋白质纤维，经过烘干热湿机械力作用，其结晶度轻微下降，这也会导致弯曲刚度进一步下降。

对比不同烘干方式发现，烘干方式会显著影响烘后织物的弯曲刚度，其中单一固定烘干模式和单方向旋转烘干模式处理的织物，其弯曲刚度下降较大（未烘干22.75μN·m；单一固定烘干模式17.75μN·m；单方向旋转分阶段变参数烘干模式19.98μN·m）。这是因为相比于正反交替旋转，单一固定烘干模式和单方向旋转分阶段旋转的烘干时间较长、烘干外力较大、织物在桶内揉搓缠绕次数较多，针织物结构变得较松软，故弯曲刚度下降较大。相比于单方向旋转分阶段烘干，单一固定烘干的织物表面抽拔出的纤维更多，纱线结构更松散、浮长更长，纱线之间的交织点紧度下降更多，纤维随机迁移能力增加，纤维间摩擦减小，抱合减弱，故导致其弯曲刚度下降更大。同时，羊毛织物在烘干过程中，定向排列的鳞片在反复摩擦揉搓作用下，促使临近纤维发生一定程度地相对滑移，纱线更易弯曲，即弯曲刚度下降。此外，正反交替旋转烘干（20.18μN·m）与悬挂烘干（22.75μN·m）相比，织物弯曲刚度轻微降低，对织物原有的风格影响不大。结合表6-7，正反交替旋转烘干，限制了纤维的自由移动，织物、纱线的结构几乎没有变化，因此织物的弯曲刚度变化相对较小。

此外，不论是棉织物还是毛织物，其弯曲刚度的变化均较小，这是因为弯曲刚度主要取决于织物的结构、纱线弯曲程度、捻度及纱线在织物内的排布状态。而烘干不会较大地改变这些状态，故弯曲刚度的变化均属于轻微变化。

表6-8　不同烘干模式的弯曲刚度结果　　　　单位：μN·m

弯曲刚度	烘干模式			
	原样	单一固定模式	单方向旋转阶段模式	正反交替旋转阶段模式
棉织物经向	35.9	68.9	38.9	37.6
棉织物纬向	80.1	112.1	90.7	83.7
羊毛织物纵列	22.75	17.75	19.98	20.18
羊毛织物横行	15.21	10.32	13.21	14.35

（五）结晶度

如图6-9所示，在干衣机滚筒烘干环境下，不论单一固定烘干形态（试验1），单方向旋转的分阶段变参数烘干模式（试验2），还是正反交替的分阶段变参数烘干模式（试验3），其结晶度均未发生变化。因为在织物烘干过程中，织物表面的温度都在70℃左右。而由棉纤维的热重分析曲线可知，棉织物在温度低于80℃时失去的重量都是纤维内水的重量，80~120℃时棉织物的纤维大分子链才开始分解，筒内温度没有达到棉织物发生分解的温度，因而在滚筒烘干环境中棉纤维的化学成分及二级结构、构象均不会发生变化。同时，这也说明干衣机内烘干不会造成织物化学结构的变化，只会导致物理外观性能的变化，使用干衣机烘干棉织物是可行的。而且，不同烘干模式的棉织物多尺度微观SEM形貌图进一步解释了这一现象。

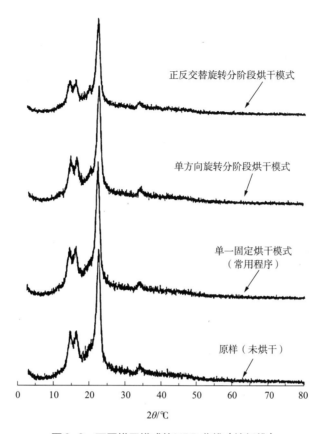

图6-9　不同烘干模式的XRD曲线（棉纤维）

表6-9　不同烘干模式的结晶度变化

烘干方式	Cr.I（%）	相对结晶指数（%）
原样（未烘干）	69.27	100
单一固定烘干模式	67.91	93
单方向旋转分阶段烘干模式	68.12	95
正反交替旋转分阶段烘干	68.91	98

　　由图6-10可知，经过不同烘干方式烘干的羊毛织物，不会造成其化学成分及大分子构象的变化。因为在织物烘干过程中，织物表面的温度都在65℃左右。由羊毛纤维的热重分析曲线可知，羊毛织物在温度低于80℃时失去的重量都是纤维内水的重量，80~120℃时羊毛纤维的大分子链才开始分解，筒内温度没有达到羊毛织物发生分解的温度，因而在烘干环境中羊毛纤维、羊毛织物的化学成分及二级结构、构象均不会发生变化。这也说明使用干衣机烘干羊毛织物是可行的。结合羊毛纤维的结晶指数及相对结晶指数（表6-10）可

知，不同烘干模式烘干后，羊毛纤维的结晶指数会有轻微变化。其中正反交替旋转烘干后的羊毛纤维结晶度高于单方向旋转烘干后的羊毛纤维的结晶度。这是因为相比于单方向旋转，正反交替旋转烘干时间较短，减少了筒内织物的干摩擦，进而减少了干摩擦对羊毛纤维的内部结构的破坏，既阻止了晶粒尺寸的减小，也阻止了结晶区向无定形区转化的可能。

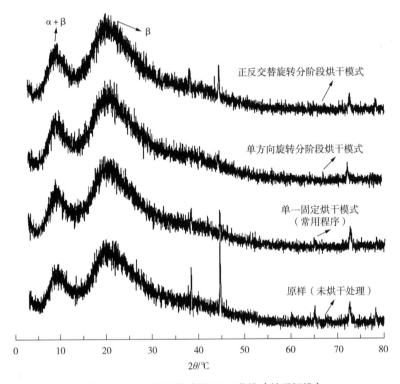

图6-10　不同烘干模式的XRD曲线（羊毛纤维）

表6-10　不同烘干模式的结晶度变化（羊毛纤维）

烘干方式	Cr.l（%）	相对结晶指数（%）
原样（未烘干）	54	100
单一固定烘干模式	48	89
单方向旋转分阶段烘干模式	52	95
正反交替旋转分阶段烘干	53	98

（六）热学性能

如图6-11所示，在干衣机滚筒烘干环境下，不论单一固定烘干模式（试验1）、单方

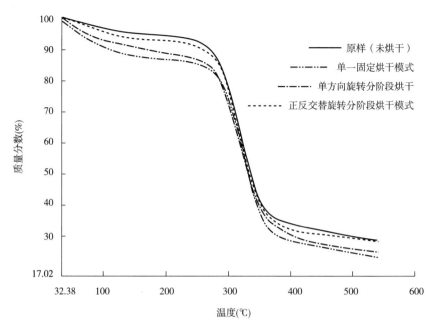

图6-11　不同烘干模式的棉纤维热重分析曲线结果

向旋转的阶段性烘干模式（试验2）还是正反交替的分阶段变参数烘干模式（试验3），其
热重分析曲线均未发生明显变化。这主要是因为，棉织物在烘干过程中，其表面温度均低
于（70±10）℃（借助OPI450红外热像仪数据），此温度阶段属于物理结合水的分解阶段，
因而在滚筒烘干过程中，造成的重量减轻，均是由织物内纤维吸附的水分子迁移导致的。
滚筒干衣机内的织物表面温度属于物理结合水的分解阶段（阶段Ⅰ），而不属于棉纤维的
化学分解阶段（阶段Ⅱ）和碳化分解阶段（阶段Ⅲ）。这也说明烘干过程的高湿环境及机
械力反复作用不会造成棉纤维热稳定性下降。棉纤维的XRD结果进一步证实了这一结果。
同时，这也说明干衣机内烘干不会造成织物化学结构的变化，只会导致物理外观性能的
变化。

　　由图6-12可知，不同烘干模式处理后的羊毛织物的热学性能变化不大。这主要是因
为，在所有的烘干模式中，干衣机滚筒内的羊毛织物表面温度均低于65℃（借助OPI450红
外热像仪数据），远低于羊毛纤维起始分解温度（296.16℃），不会造成羊毛纤维的热分解。
这也说明烘干过程中的高湿环境及机械力反复作用不会影响羊毛纤维的热稳定性。在烘干
过程中所损失的质量，是由纤维吸附水释放导致的。另外，对比三种烘干模式处理后的羊
毛织物发现，相比于正反交替旋转分阶段烘干，单一固定模式和单方向旋转烘干后的羊毛
织物失重更快、更多。这可能是因为，单方向旋转烘干方式和单一固定烘干模式的烘干时
间较长，烘干过程织物缠绕最严重，摩擦最大，导致羊毛表层鳞片被破坏。其不同烘干模
式下的微观形貌图进一步解释了这一结果。

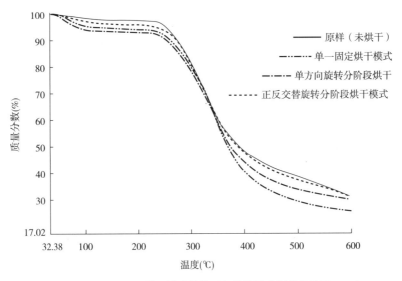

图6-12　不同烘干模式的羊毛织物热重分析曲线结果

（七）微观结构形貌

由于三种烘干模式单独一个周期的烘干，使织物微观性能变化不大，不能证明优化烘干模式是否可行。同时，也为了验证提出的优化程序能否被设定到干衣机上长期使用，本节探究了上述三种烘干模式下各烘干20周期后的织物微观形貌，以期证明优化模式可应用于干衣机烘干程序设定的目的。

1. 棉织物微观形貌

图6-13~图6-16为不同烘干模式下的棉织物多尺度微观形貌图，其中图6-13为烘干前棉织物多尺度微观形貌图，图6-14~图6-16分别为单一固定烘干模式（现有干衣机常用程序）、单方向旋转分阶段模式、正反交替旋转分阶段烘干模式的多尺度微观形貌图。

由图6-13可知，没有经过烘干处理的棉织物，织物表面组织结构十分清晰，纱线表面光滑，内部单根纤维形态保持典型的扁平带状且有一定扭曲形态，表面光滑。

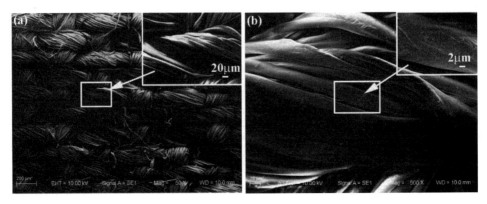

图6-13　未烘干棉织物的（原样）微观形貌

对比图6-13和图6-14发现，当经过单一固定烘干模式处理后，最模糊、织物表面被抽拔出来的纤维最多，出现了纤维断面的原纤化或者严重磨损［图6-14（a）］。这是因为，烘干是一个织物不断被缠绕、抛撒、摔打、揉搓、撞击筒壁且受高温高湿复合作用的过程。高温低湿环境及机械搅拌为棉纤维的迁移提供了良好的条件，致使抽拔出的纤维不能回复到原来位置，滞留在织物表面，揉搓成小球，进而导致织物表面的形貌变得模糊。而且，织物在烘干过程中，不仅会与滚筒壁反复摩擦，也会与筒内其他织物发生反复摩擦作用，这也为纤维的抽拔提供了良好的环境，纤维表面一定程度的原纤化或者脆化，导致织物的光滑度产生一定程度的下降。纤维表面被部分剥离、破坏，表面毛羽增多，纱线结构清晰度有一定程度的下降。同时，纤维表面毛羽的出现使得纤维表面摩擦力增加，进一步阻碍了被抽拔出来的纤维回到原位置，这也从本质上解释了滚筒烘干后织物尺寸收缩和平整度下降的原因。而且在此种烘干模式中，织物处在高温高湿环境的时间较长，且三种模式中温度最高，同时也受到单方向旋转扭曲的影响，很容易导致织物表面形貌下降。纱线表面出现部分纤维被抽拔，并以圈状存在于纱线表面［图6-14（b）］。图6-14（c）和图6-14（d）进一步展示了损伤纤维的高分辨率扫描电子显微镜照片。纤维断裂处，断口边沿不再光滑，出现了絮状毛边和皱缩状沟槽。纤维的断裂面出现凹形沟槽［图6-14（c）］，这证实了纤维表面部分颗粒已经开始剥落，纤维强度已经降低。同时，图6-14（d）中的SEM图像还显示纤维的主壁被剥离，次生层被暴露。

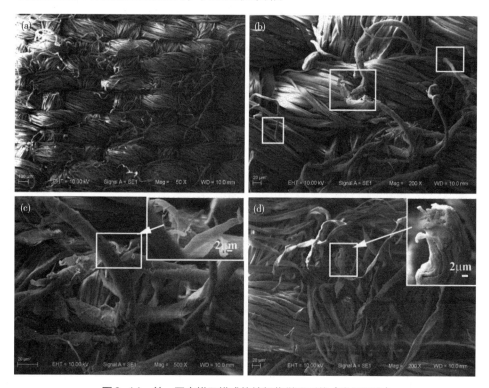

图6-14　单一固定烘干模式的棉织物微观形貌（常用程序）

对比图6-13~图6-15发现，当织物经过单方向旋转分阶段烘干模式处理时，其表面组织清晰度仅有轻微下降，少量纤维被抽拔出来，个别纤维发生断裂，但断裂面十分光滑。这是因为相比于单一固定烘干模式的烘干环境，此模式的烘干腔环境较好，其烘干气流的温度湿度较低，故表面形貌变化较单一固定模式小。但是这种烘干模式的滚筒转动方向仍为单方向旋转，因而不可避免地会遇到单方向旋转造成的缠绕问题，而且分阶段烘干模式（试验2）的烘干时间又较长，故织物所受到机械摩擦、摔打作用时间较长，也会导致织物表面形貌下降。

图6-15 单方向旋转分阶段烘干模式的棉织物微观形貌

对比图6-13~图6-16发现，当织物经过正反交替烘干处理后，相比于其他两种烘干模式，其表面组织结构最为清晰。这是因为正反交替旋转分解烘干既避免了高温高湿环境的长时间作用，也避免了因织物单方向扭曲缠绕造成织物表面纤维的大量抽拔，故微观形貌变化最小（相比于原样）。但相比于未烘干处理的棉织物表面组织结构有轻微的模糊，且有部分纤维被抽拔出纤维几何体［图6-16（b）］，纤维表面有少量的毛羽片段和原纤化片段出现［图6-16（c）］，纤维表面出现了沿纵向皱缩状沟槽［图6-16（d）］，这说明纤维表面有部分颗粒剥落。

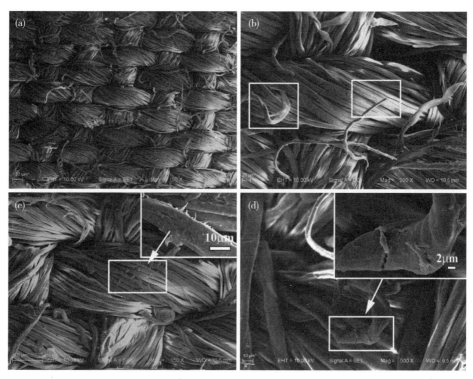

图6-16　正反交替旋转分阶段烘干模式的棉织物微观形貌

综上所述，烘干模式会显著影响织物微观形貌。采用合理的烘干形态可以减轻这种表面形貌的变化。

2. 毛织物微观形貌

图6-17~图6-20为不同烘干模式的棉织物多尺度微观形貌图，其中图6-17为羊毛原样的微观形貌图，图6-18~图6-20分别为单一固定烘干模式、单方向旋转分阶段烘干模式、正反交替旋转分阶段烘干模式处理后的羊毛织物扫描电镜照片。

由图6-17可知，未经过烘干处理的羊毛织物，表面组织结构十分清晰，纱线均匀地排布在织物组织中，纤维表面鳞片结构完整。

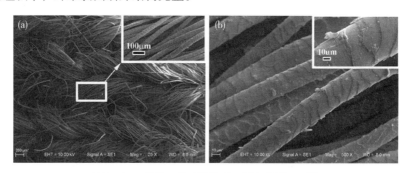

图6-17　未烘干羊毛织物（原样）的微观形貌

对比图6-17和图6-18发现，当织物经过单一固定烘干模式处理后，表面组织结构的清晰度严重下降，织物表面抽拔出来的纤维长度较长并以圈状形式留在织物表面，抽拔出来的纤维数量较多，织物表面出现了大量毛羽，纱线原有的规整排列结构几乎完全失去，纱线内部的纤维几乎呈完全松散状态［6-18（a）］。这是因为在烘干过程中，织物在筒内会经受反复摔打、挤压、揉搓以及滚筒施加的摩擦力和离心力的作用，如果受力不当，纤维就会断裂。经过单一固定烘干模式处理后的织物，也会出现大量的切割断裂、轴向纰裂断裂及严重扭曲［图6-18（b）］。这是因为在烘干过程中，织物难免遭遇从滚筒顶端被抛下，摔倒滚筒底部。在这个过程中，织物受到了严重的外力作用，而且这个力超过了纤维表面张力，进而使得纤维表面完整性被破坏，进而导致纰裂或者部分断裂。由图6-18（c）可知，经过单一固定烘干模式处理的羊毛织物，羊毛纤维表面会出现部分鳞片剥落，部分纤维扭曲甚至出现轴向纰裂。这是因为织物烘干是一个高温高湿机械力反复作用的过程，长期处于这种高温高湿环境，很容易导致羊毛鳞片受损，表面出现裂隙、鳞片边缘起翘甚至剥落。图6-18（d）展示了经过单一固定烘干模式处理（常用程序）的纤维尺度高分辨率扫描电子显微镜照片，照片显示经过单一固定烘干模式处理（常用程序），除了部分鳞片剥落以外，也会出现纤维严重扭曲的现象。

图6-18　单一固定烘干模式的羊毛织物微观形貌（常用程序）

　　图6-19显示，当织物经过单方向旋转分阶段烘干处理后，表面组织结构的清晰度出现轻微下降，这是因为织物在烘干过程中，会同时受到来自滚筒转动的离心力、织物间摩擦力、织物与筒壁之间的摩擦力的复合作用，使得纱线表面部分纤维被抽拔出来，停留在织物表面，进而导致织物组织结构轻微下降。图6-19（c）和图6-19（d）进一步展示了受损

部分的羊毛纤维局部图，图片显示经过单方向旋转分阶段烘干处理的羊毛织物会出现横向断裂或者严重扭曲，这是因为纤维断裂或者被抽拔出来后，再次受到机械力的作用，进而出现断裂纤维或者拔出纤维的严重扭曲。

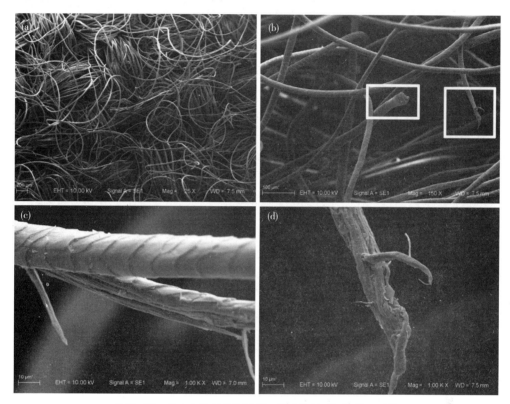

图6-19　单方向旋转分阶段烘干模式的羊毛织物微观形貌

对比图6-17~图6-20发现，相比其他两种烘干模式，正反交替旋转烘干的羊毛织物表面组织结构最为清晰，纱线光洁，仅有少量纤维被拔出，极少量纤维脆断出现，纤维表面的鳞片结构完整且均匀地排布在纤维表面，没有任何损伤。因为正反交替旋转分阶段烘干模式既避免了单一固定烘干模式的烘干后期温度过高的问题，也避免了在单方向旋转分阶段烘干的烘干过程中织物过分相互纠缠的问题。具体来说，单方向旋转烘干，织物一直顺着一个方向运动，织物一旦纠缠，很难打开，而且随着烘干的进行，这种纠缠会越来越严重，甚至造成烘干结束时，衣物纠缠成一个类似于具有一定捻度结构长条状织物。这为抽出纤维的迁移提供了动力，也为纤维的扭曲和断裂提供了良好条件。此外，如果拔出纤维的毛根朝外，因逆鳞片摩擦系数较大，纤维很难退回织物内部，滞留在外面，形成新的或更长的毛羽，导致起毛起球加重。而正反交替旋转可以通过反方向运动抖散开或者极大限度地解决由于单方向运动造成的织物纠缠问题，故微观形貌变化最小。由图6-20（b）~图6-20（d）可知，正反交替旋转烘干只会造成极少量纤维的脆断，而且这种横向脆断一般是由于织物从滚筒高处摔打到底部瞬间受力过大造成的。

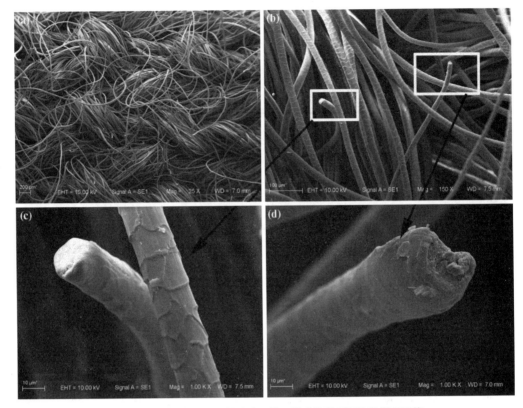

图6-20　正反向交替旋转分阶段烘干模式的羊毛织物的微观形貌

综上所述，烘干模式会显著影响羊毛织物的微观形貌。其中相比于羊毛原样（未烘干），正反交替旋转分阶段烘干模式的微观形貌变化最小，单方向旋转分阶段烘干模式的羊毛织物微观形貌变化次之，单一固定烘干模式的羊毛微观形貌变化最大，出现了部分鳞片剥离，大量纤维断裂，纱线原有规整排列结构被严重破坏。

第四节　织物烘后性能变化机制

一、纯棉织物性能变化机制

由图6-21可知，在烘干初期，棉织物表面的组织结构清晰可见，纱线均匀排布在织物中，表面光洁。随着烘干的进行，织物的面料层、纱线层及纤维层会依次经历如卜变化：面料层依次经历起毛起球（干摩擦或者纤维抽拔）、织物尺寸收缩（纱线间空隙的变化）、织物中部分纱线断裂（细胞壁、次生层暴露）甚至出现孔洞；纱线会依次经历扭曲、起毛、部分断裂、全部断裂、断裂端被再次磨毛；纤维会依次经历扭曲、纰裂、部分断裂、整根纤维断裂、次生层、细胞壁层暴露。

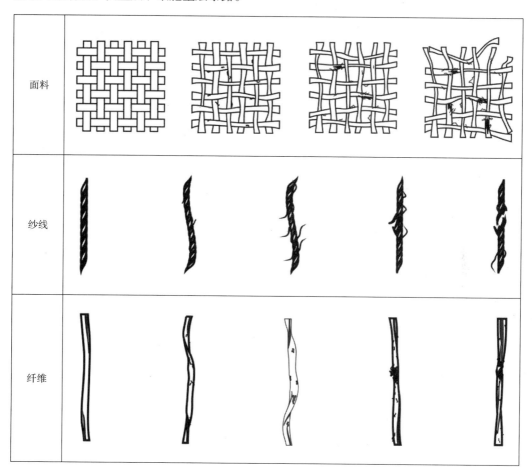

面料				
纱线				
纤维				

图6-21　棉织物烘后性能变化形式及形成过程

二、纯毛织物性能变化机制

由图6-22可知，在家用干衣机滚筒烘干过程中，随着烘干的进行，毛织物表面会依次经历起毛起球、纱线间空隙变形、纱线松弛、纱线不同程度的断裂等一系列变化。随着烘干的进行，纱线会依次经历扭曲、表面抽拔出来的纱线纠缠在一起形成毛球、纰裂、部分断裂，从而使更多的纤维被抽拔出来。当纱线受到的外力超过纱线能够承受的最大强力时，纱线就会出现整体断裂。纤维层会依次经历扭曲、表面毛羽化、脆断（断裂界面光滑）、纰裂（断裂部分有絮状撕裂片）、断裂纤维扭曲。

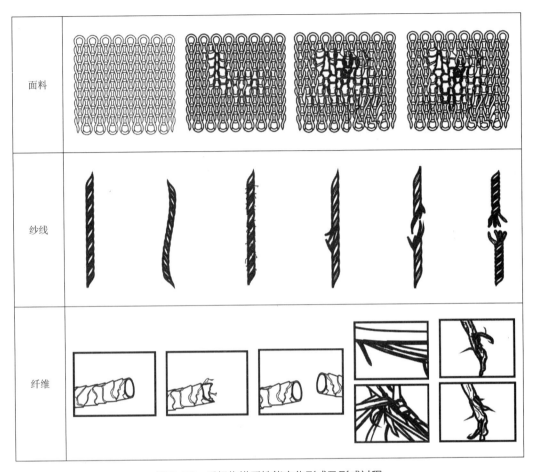

图6-22　毛织物烘后性能变化形式及形成过程

三、两种织物变化机制对比

综合分析图6-21和图6-22还发现，不论是何种织物，烘后性能的变化是一个逐渐累积的过程，性能变化主要包括三个阶段：诱发期、生长期、成型固定期。具体来说，在诱发期，纤维端头被锁在纱线结构内部、纤维圈被抽拔，宏观表现为纱线、织物表面出现模糊化、扭曲现象。在生长期，抽拔出来的纤维被纠缠在一起，形成毛球，宏观表现就是起毛起球。在固定成型期，扭曲或者突出的纤维出现不同程度的断裂，依据断裂的形态，可分为切割断裂、纰裂、部分断裂、鳞片剥离、断裂纤维扭曲等现象。此外，结合前面的分析及表6-11可知，不同烘干模式主要影响棉织物的平整度、毛织物的起毛起球性能。这说明不同织物的烘后性能变化存在差异，这也从一定程度上证明了针对特定织物进行烘干程序优化的必要性和合理性。

表6-11　不同烘干模式的实物图

试样	烘干模式		
	单一固定模式	单方向旋转阶段模式	正反交替旋转阶段模式
纯棉织物			
纯毛织物			

本章小结

　　首先，通过借助OPI450和带有232通讯功能电子秤，实时记录织物表面温度和重量，完成了常用程序（单一固定烘干模式）的烘干过程织物温湿度变化规律的研究。研究发现，在整个烘干过程中，织物表面温度和织物含水率具有明显的时变性和阶段性特征。并依据织物表面温度和织物瞬时含水率变化特征，将其划分为升温阶段、恒速烘干阶段、降速烘干阶段、吹冷风阶段。同时发现每个阶段的主要作用不尽相同。升温阶段主要是以最快的升温速率提高织物温度；恒速烘干阶段主要是以最大的失水速率将织物内60%~70%的水分去除，是烘干的主要阶段；降速烘干阶段是在保证织物表面温度不过分升高的前提下，尽量的去除织物内水分；吹冷风阶段以最快的速率将织物表面温度降到室温。因而，应充分利用每个阶段的特性，进行分阶段变参数烘干，最大限度地提高烘干效率。

　　其次，以占据服装市场主导地位的纯棉、纯毛织物为试验材料，进行不同烘干模式的优化试验。对比三种烘干模式的试验结果发现，正反交替分阶段变参数烘干模式的烘干效率和烘后性能均明显优于单一固定烘干模式（现有干衣机的烘干效果）的烘干效率和烘后性能，且稍优于单方向旋转分阶段变参数烘干模式的烘干效率和烘后性能。具体来说，相比于单一固定烘干模式（干衣机常用程序），烘干时间降低了10%、烘干能耗降低了14.67%、平整度提高了1.0级、起毛起球提高了1.5级、CO_2排放量和使用成本均降低了12.7%（即单次使用CO_2排放量和使用成本分别减少0.333042 kg和0.046718美元）。

最后，对比三种烘干模式的微观形貌变化发现，正反交替旋转分阶段变参数烘干模式的微观形貌变化最小，因此模式只会造成极少量纤维的脆断，但鳞片结构完整且均匀排布在纤维表面，没有任何损伤，不会出现单一固定烘干模式烘干后的羊毛纤维表面鳞片被部分剥离、破坏，纤维表面可见皱缩状沟槽，其纱线表面毛羽较多，弯曲刚度显著下降的现象。

因而，综合考虑烘干能耗、烘干时间、烘干最终含水率、烘干均匀性、环境影响（CO_2eq.）、使用成本、起毛起球、尺寸变化、平整度等指标，可确定最佳的烘干模式为正反交替分阶段变参数烘干模式。此烘干模式既可实现节能、高效、环保、不损伤衣物的烘干目的，又可为干衣机生产商合理设定烘干程序提供借鉴。

第七章

结论与展望

第一节 结论

本书针对现有干衣机的耗能大、烘干时间长、烘后织物性能差等实际问题，以及关于织物滚筒烘干过程的时变性、阶段性特征研究缺失、织物传热传质模型缺失等理论问题，构建了具有织物温湿度动态追踪及烘干参数连续可调的织物烘干综合测控平台，实现了织物滚筒烘干过程的可视化、数字化。运用该平台，系统研究了干衣机特性、织物特性对织物滚筒烘干动力学的影响，并从烘干过程中织物温湿度变化、织物运动轨迹、织物受力情况的角度，详细探讨了其作用机制，为后续参数设定提供依据。基于质量、能量、动量守恒原理，以烘干腔作为建模单元，构建了织物烘干过程的传热传质模型，并用纯棉织物作为试验样品，完成了模型的验证；基于烘干过程的织物瞬时含水率和表面温度变化特征，并与干衣机特性、织物特性的动力学试验结果及织物烘干过程的传热传质模型的理论分析相结合，提出了基于织物烘干过程特征的正反交替旋转分段变参数的优化烘干模式，并用市场上占有率较大的纯棉、纯毛织物作为试验材料，对其进行验证。主要结论如下：

（1）在对滚筒干衣机的构件组成、工作原理、织物滚筒烘干机理详细分析的基础上，搭建了一个具有广泛的适用性且满足试验要求，专门用于织物烘干的织物温湿度动态追踪及烘干参数连续可调的试验平台，并对试验平台进行整体性能检测和功能验证。试验结果表明，此平台基本实现了织物烘干过程织物温湿度及其运动轨迹、烘干通道内各处气流温湿度动态追踪、烘干参数（加热丝功率、风速、滚筒转速及方向、加热丝附件气流最高温度）连续可调，可为织物烘干过程的传热传质的监控、烘干过程程序优化提供试验基础，也可为织物滚筒烘干技术发展及设备研发提供技术支撑。

（2）在自行搭建的织物烘干综合测控平台上，进行了织物滚筒烘干动力学的试验研究。探讨了干衣机特性（加热丝功率、风速滚筒转速及滚筒旋转情况）、织物特性（织物单位面积质量、初始含水率、样块大小、负载量）对织物滚筒烘干动力学的影响，并从加热、织物温湿度变化、烘干过程织物运动模式、抛撒状态、受力等角度揭示了上述各因素对其影响机制。结果表明：

①加热丝功率主要是通过影响织物表面温度、失水速率，进而影响烘干时间、能耗、最终含水率、平整度，尤其是烘干时间。

②风速主要通过影响烘干气流在筒内的滞留时间，进而影响织物表面温度、失水速率，最终影响烘干时间、能耗、最终含水率、平整度，尤其是烘干时间和烘干能耗。

③滚筒转速主要是通过影响织物在筒内的运动模式、铺展程度，进而影响烘干时间、能耗、最终含水率、烘干均匀性烘后平整度，尤其是烘干能耗、烘干时间、烘干均匀性。

④滚筒旋转情况主要是通过影响织物在筒内的运动模式、铺展程度、烘干厚度，进而影响烘干时间、能耗、最终含水率、烘干均匀性、烘后平整度，尤其是烘干均匀性。

⑤织物单位面积质量是通过影响织物的运动模式、抛撒程度，进而影响烘干时间、烘干能耗、烘干均匀性、最终含水率，尤其是烘干时间和最终含水率。

⑥初始含水率是通过影响烘干初期的运动模式及初期运动模式的维持时间，进而影响烘干时间、烘干能耗、烘干均匀性、最终含水率，尤其是烘干时间和烘干能耗，但其烘干机理不变。

⑦织物尺寸大小是通过影响织物在滚筒内的铺展、抛撒程度，进而影响织物的烘干效率、烘干能耗、最终含水率、烘干均匀性、烘后平整度，尤其是烘后平整度，但其不会影响织物运动模式。

⑧负载量是通过显著影响织物被抛撒、铺展开后占据烘干腔的截面面积，进而影响织物总的烘干时间、烘干能耗、烘后平整度，尤其是烘后平整度，但不会影响织物运动模式。

（3）在对织物滚筒烘干过程各阶段的传热传质过程理论分析的基础上，构建了织物滚筒烘干传热传质模型，并采用有限差分法对所建模型及边界条件进行了离散处理，得到了其有限差分格式，再利用Matlab编程对其进行数值求解，并与试验测得值进行比较，验证了其模型的合理性。其结果显示，模拟曲线与试验曲线吻合良好。这说明本文所建立的织物滚筒烘干的传热传质模型能够很好地模拟滚筒烘干的织物表面温度和水分含量变化规律，故此烘干模型可用于不同烘干条件下，织物表面温度、织物失水速率的预测，并为滚筒干衣机的设计、优化提供参考。

（4）在对单一固定烘干模式（干衣机常用程序）的烘干过程中织物温湿度变化特征进行详细分析的基础上，并与干衣机特性、织物特性的动力学试验研究及织物烘干过程的热质传递模型的研究结果相结合，确定了正反交替旋转分阶段变参数烘干模式为最优烘干模式，并用市场占有率较大的纯棉、纯毛织物作为烘干对象代表，对其进行验证。研究结果表明，正反交替分阶段变参数烘干模式的烘干效率和烘后性能均明显优于单一固定烘干模式（现有干衣机的烘干效果）的烘干效率和烘后性能，且稍优于单方向旋转分阶段变参数烘干模式的烘干效率和烘后性能。具体来说，相比于单一固定烘干模式（干衣机常用程序），烘干时间降低了10%、烘干能耗降低了14.67%、平整度提高了1.0级、起毛起球提高了1.5级、CO_2排放量和使用成本均降低了12.7%（即单次CO_2排放量和使用成本分别减少0.333042kg和0.046718美元）。此外，对比三种烘干模式的微观形貌变化发现，正反交替旋转分阶段变参数烘干模式的微观形貌变化最小，因该过程虽然会造成极少量纤维的脆断，但鳞片结构完整且均匀排布在纤维表面，没有任何损伤。而不会出现单一固定烘干模式烘干后的羊毛纤维表面鳞片被部分剥离、破坏，纤维表面可见皱缩状沟槽，纱线表面毛羽较多，弯曲刚度显著下降的现象。因而综合考虑烘干能耗、烘干时间、烘干速率、烘干最终含水率、烘干均匀性、环境影响（CO_2eq.、使用成本）、起毛起球、尺寸变化、平整度等指标，可确定最佳的烘干模式为正反交替分阶段变参数烘干模式，可为干衣机生产商合理设定烘干程序提供借鉴。

第二节　不足及展望

研究的不足及展望主要有以下4点：

（1）研究反复提到织物烘干过程织物表面温湿度变化、织物运动模式、抛撒状态、料幕内织物分布密度对烘干效率的影响，但是没有进行烘干腔内织物气流分布形态、流动形式的CFD仿真。

（2）研究构建的织物滚筒烘干过程的传热传质模型，并未考虑织物特性、织物运动轨迹对织物滚筒烘干传热传质的影响，故存在较大的局限性，但研究方法及规律可为干衣机企业提供参考。

（3）研究揭示了热电直排式干衣机对织物烘干过程的烘干规律，部分规律可能不适用于其他干衣机机型，例如排气口湿度判停方式。而且由于时间及测试成本原因无法进行大量的重复验证，故可能忽略了一些基本规律。

（4）研究对象主要是单层织物，未涉及带有絮填材料的夹层织物，而不同织物之间的性能差异很大，故存在较大的局限性，在今后的研究中，为了得到更全面的干衣机设计指导，可以研究得更精细化，如研究更多的纤维成分、更多的织物组织结构、更多的织造方式等。

参考文献

［1］DEUGHEE L. Fabric dryer and method of controlling the same［P］. Google Patents. 2015.

［2］鲁建国. 雾霾天气将加快家用干衣机进入家庭的步伐［J］. 家电科技, 2016(4)：8-9.

［3］彭平. 基于电容法的洗衣干衣机湿度检测系统设计与研究［D］. 南京：南京理工大学, 2014.

［4］张立君. 洗衣干衣机中湿度传感器的应用研究［D］. 南京：南京理工大学, 2010.

［5］GURUDATT K, NADKARNI V M, KHILAR K C. A study on drying of textile substrates and a new concept for the enhancement of drying rate［J］. The Journal of The Textile Institute, 2010, 101(7): 635-644.

［6］YADAV V, MOON C. Modelling and experimentation for the fabric-drying process in domestic dryers［J］. Applied Energy, 2008, 85(5): 404-419.

［7］王大伟, 翁文兵, 徐剑. 热泵式干衣机的试验研究与性能分析［J］. 制冷与空调, 2008(6): 42-46.

［8］杜春林. 织物真空微波干燥的实验研究［D］. 沈阳：东北大学, 2006.

［9］张青, 龚海辉, 万锦康, 等. 干衣机的发展现状及研发趋势［J］. 家电科技, 2006(12): 52-54.

［10］NG A B, DENG S. A new termination control method for a clothes drying process in a clothes dryer［J］. Applied Energy, 2008, 85(9): 818-829.

［11］张玉姣. 洗干一体机实验系统与干衣程序仿真平台的设计与开发［D］. 南京：南京理工大学, 2012.

［12］罗清海. 热电制冷系统热力学优化分析及节能应用和开发［D］. 长沙：湖南大学, 2005.

［13］李兆君. 家庭滚筒干衣机烘干条件对棉型织物外观性能影响及烘干机理研究［D］. 东华大学, 2014.

［14］AKYOL U, KAHVECI K, CIHAN A. Determination of optimum operating conditions and simulation of drying in a textile drying process［J］. Journal of the Textile Institute, 2013, 104(2): 170-177.

［15］STAWREBERG L, NILSSON L. Potential energy savings made by using a specific control strategy when tumble drying small loads［J］. Applied energy, 2013(102): 484–491.

［16］佚名. 家用滚筒干衣机、滚筒洗干一体机性能认证技术规范［J］. 家用电器, 2008(10): 70–71.

［17］秦琼. 家用干衣机的能耗对比及节能方向探讨［C］. 中国家用电器协会. 2013年中国家用电器技术大会论文集. 北京: 电器杂志社, 2013: 5.

［18］曾国安. 干衣机的选购和使用［J］. 家用电器, 2001(10): 30.

［19］中华人民共和国工业和信息化部. 家用和类似用途电暖风干衣机: QB/T 4504—2013［S］. 北京: 中国标准出版社, 2013.

［20］曾令瑲. 转筒式燃气干衣机［J］. 家用电器, 1995(9): 12–14.

［21］曾令瑲. 衣物的干燥与燃气干衣机［J］. 家用电器, 1995, (7): 14–15+26.

［22］李涛. 基于热电效应的热回收应用技术研究和设备开发［D］. 长沙: 湖南大学, 2010.

［23］韦玉辉, 苏兆伟, 王旭, 丁雪梅. 基于模糊层次分析法的干衣机烘干性能评价［J］. 针织工业, 2018(4): 72–76.

［24］陈东, 谢继红, 刘荣辉. 热泵式干衣机的设计与应用分析［J］. 家电科技, 2003(5): 40–43.

［25］黄新, 赖兴华, 余树昌. 提高箱式干衣机电—热转换效率的新方法［J］. 佛山大学学报, 1993(2): 46–51.

［26］张联英, 付永霞, 张宏飞, 等. 闭式热泵干衣机干衣性能实验研究［J］. 上海理工大学学报, 2013(4): 382–386.

［27］陶登林. 如何选购干衣机［J］. 交电商品科技情报, 1996(3): 30.

［28］秦霈. 婴幼儿专用干衣机的设计研究［D］. 南昌: 南昌大学, 2013.

［29］XINPING O, PENGYANG S. Analysis on characteristics and structure of heat-pump dryer［C］// IEEE Beijing Section. China Energy Society. University of Shanghai for Science and Technology(USST). Proceedings of the Materials for Renewable Energy & Environment (ICMREE2011)出版地, 出版社, 2011: 5.

［30］中国国家标准化管理委员会. 家用和类似用途电器噪声测试方法　滚筒式干衣机的特殊要求: GB/T 4214.7—2012［S］. 北京: 中国标准出版社, 2013.

［31］宋朋洋, 欧阳新萍. 蒸气压缩式热泵干衣机的结构及特性分析［J］. 制冷与空调, 2011, 11(03): 28–31+14.

［32］邹煜良, 田长青. 热泵干衣机用线性压缩机的设计优化与性能分析［J］. 液压与气动, 2015(11): 72–76+81.

［33］颜珍, 侯兰香, 李垒. 家用热泵式干衣机的分析研究与探讨［J］. 枣庄学院学报, 2015, 32(5): 87–90.

［34］米廷灿, 陈剑洲, 周易. 热泵干衣机专用压缩机的研究［J］. 上海电气技术, 2013, 6(4): 36–40.

［35］张春路, 杨亮, 曾潮运. 热泵干衣机仿真与优化［J］. 制冷学报, 2015, 36 (6): 40–46.

［36］AKYOL U, ERHAN AKAN A, DURAK A. Simulation and thermodynamic analysis of a hot-air textile drying process［J］. The Journal of the Textile Institute, 2015, 106(3): 260-274.

［37］HOLST M, PAYNE P S. High-efficiency fabric dryer［P］. Google Patents. 1994.

［38］CLEMENTS S, JIA X, JOLLY P. Experimental verification of a heat pump assisted continuous dryer simulation model［J］. International Journal of Energy Research, 1993, 17(1): 19-28.

［39］ZHU W, DONG T, CAO C, et al. Fractal modeling and simulation of the developing process of stress cracks in corn kernel［J］. Drying technology, 2004, 22(1-2): 59-69.

［40］曹崇文. 干燥机单位热耗和干燥能力折算的研究［J］. 干燥技术与设备，2008, (1): 9-12+28.

［41］刘登瀛，曹崇文. 探索我国干燥技术的新型发展道路［J］. 通用机械，2006, (7): 15-17.

［42］FUDHOLI A, OTHMAN M Y, RUSLAN M H, et al. The effects of drying air temperature and humidity on drying kinetics of seaweed［J］. Recent Research in Geography, Geology, Energy, Environment and Biomedicine, 2011, 129-133.

［43］PICCAGLI S, VISIOLI A, COLOMBO D. An efficient control for a domestic tumble dryer［C］// Emerging Technologies & Factory Automation(ETFA). ETFA conforence, 2009.

［44］CONDE M R. Energy conservation with tumbler drying in laundries［J］. Applied thermal engineering, 1997, 17(12): 1163-1172.

［45］DEANS J. The modelling of a domestic tumbler dryer［J］. Applied Thermal Engineering, 2001, 21(9): 977-990.

［46］AMEEN A, BARI S. Investigation into the effectiveness of heat pump assisted clothes dryer for humid tropics［J］. Energy Conversion and Management, 2004, 45(9): 1397-1405.

［47］VAN MEEL D. Adiabatic convection batch drying with recirculation of air［J］. Chemical Engineering Science, 1958, 9(1): 36-44.

［48］陈桂平，张伟，刘子荐，等. 变频干衣机能效提升电控方案研究［J］. 家电科技，2013(12): 74-76.

［49］TASIRIN S M, KAMARUDIN S K, GHANI J A, et al. Optimization of drying parameters of bird's eye chilli in a fluidized bed dryer［J］. Journal of Food Engineering, 2007, 80(2): 695-700.

［50］ZHANG Q, LITCHFIELD J. An optimization of intermittent corn drying in a laboratory scale thin layer dryer［J］. Drying Technology, 1991, 9(2): 383-395.

［51］孙浪涛，韦玉辉，董晓东，等. 织物烘干过程及烘干机理的探讨［J］. 毛纺科技，2016, 44(3): 59-62.

［52］凌群民，谭磊. 织物干燥机理及干燥速率的探讨［J］. 纺织学报，2006(8): 22-24.

［53］LIMA O, PEREIRA N, MACHADO M. Generalized drying curves in conductive/convective paper drying ［J］. Brazilian Journal of Chemical Engineering, 2000, 17(4-7): 539-548.

［54］贾敏，丛海花，薛长湖，等. 鲍鱼热风干燥动力学及干燥过程数学模拟［J］. 食品工业科技，

2012, 33(3): 72–76+80.

[55] 张孙现. 鲍鱼微波真空干燥的品质特性及机理研究 [D]. 福州：福建农林大学，2013.

[56] 王宝和. 干燥动力学研究综述 [J]. 干燥技术与设备，2009(2): 51–56.

[57] HIGGINS L, ANAND S, HOLMES D, et al. Effects of various home laundering practices on the dimensional stability, wrinkling, and other properties of plain woven cotton fabrics part II : effect of rinse cycle softener and drying method and of tumble sheet softener and tumble drying time [J]. Textile Research Journal, 2003, 73(5): 407–420.

[58] WU Y L, CHIEN K H, YANG K S, et al. A Study on the impact of different tumbler inlet conditions on the clothes dryer's tumbler efficiency [J] The Advanced Materials Research, 2011.

[59] 于伟东，储才元. 纺织物理 [M]. 上海：东华大学出版社，2002.

[60] DO Y, KIM M, KIM T, et al. An experimental study on the performance of a condensing tumbler dryer with an air-to-air heat exchanger [J]. Korean Journal of Chemical Engineering, 2013, 30(6): 1195–1200.

[61] YUN C, PARK S, PARK C H. The effect of fabric movement on washing performance in a front-loading washer [J]. Textile Research Journal, 2013, 83(17): 1786–1795.

[62] YUN C, PARK C H. The effect of fabric movement on washing performance in a front-loading washer II : under various physical washing conditions [J]. Textile Research Journal, 2015, 85(3): 251–261.

[63] YUN C, PARK C H. The effect of fabric movement on washing performance in a front-loading washer III : Focus on the optimized movement algorithm [J]. Textile Research Journal, 2016, 86(6): 563–572.

[64] MELLMANN J. The transverse motion of solids in rotating cylinders—forms of motion and transition behavior [J]. Powder Technology, 2001, 118(3): 251–270.

[65] HIGGINS L, ANAND S, HALL M, et al. Factors during tumble drying that influence dimensional stability and distortion of cotton knitted fabrics [J]. International Journal of Clothing Science and Technology, 2003, 15(2): 126–139.

[66] HIGGINS L, ANAND S, HALL M, et al. Effect of tumble-drying on selected properties of knitted and woven cotton fabrics: Part I: Experimental overview and the relationship between temperature setting, time in the dryer and moisture content [J]. Journal of the Textile Institute, 2003, 94(1–2): 119–128.

[67] 赵玉索. 印染厂织物烘干定型过程中的节能 [J]. 能源工程，1999(2): 37–39.

[68] 王栋. 基于多参数监控的真空脉动干燥过程研究 [D]. 北京：中国农业大学，2015.

[69] 高晓敏. 龙眼干燥工艺研究及热泵干燥过程热力学分析 [D]. 长沙：中南林业科技大学，2016.

[70] 熊程程. 褐煤干燥过程的实验研究及动力学分析 [D]. 北京：中国科学院研究生院（工程热物理研究所），2011.

[71] 陈立秋. 降低织物上非结合水分减少烘燥能耗 [J]. 节能技术，1995(4): 36–39.

［72］TETLOW R. Reducing drying load increases profit ［J］. Journal of the British Association of Green Crop Driers, 1973(7): 82–88.

［73］孔令波. 纸页干燥过程传热传质数学模型的研究 ［D］. 广州：华南理工大学，2013.

［74］王瑾. 滚筒干燥机研制及南瓜粉干燥过程数学模拟 ［D］. 北京：中国农业机械化科学研究院，2011.

［75］马学文，翁焕新. 温度与颗粒大小对污泥干燥特性的影响 ［J］. 浙江大学学报（工学版），2009, 43(9): 1661–1667.

［76］WEI Y, HUA J, DING X. A mathematical model for simulating heat and moisture transfer within porous cotton fabric drying inside the domestic air-vented drum dryer ［J］. The Journal of the Textile Institute, 2017, 108(6): 1074–1084.

［77］LI Y, ZHU Q. Simultaneous heat and moisture transfer with moisture sorption, condensation, and capillary liquid diffusion in porous textiles ［J］. Textile Research Journal, 2003, 73(6): 515–524.

［78］刘伟，范爱武，黄晓明. 多孔介质传热质理论与应用 ［M］. 北京：科学出版社，2006.

［79］DARYABEIGI K. Heat transfer in high-temperature fibrous insulation ［J］. Journal of Thermophysics and Heat Transfer, 2003, 17(1): 10–20.

［80］韦玉辉，丁雪梅，吴雄英. 基于相似理论的干衣机内织物烘干研究 ［C］//2015年中国家用电器技术大会论文集，北京：电器杂志社，2015：6.

［81］DEFRAEYE T. Advanced computational modelling for drying processes-A review ［J］. Applied Energy, 2014(131)323–344.

［82］PRESTON J, SU Y. The cellulose-dye complex ［J］. Coloration Technology, 1950, 66(7): 357–361.

［83］STEELE R. Factors Affecting the Drying of Apparel Fabrics: Part Ⅲ : Finishing Agents ［J］. Textile Research Journal, 1959, 29(12): 960–966.

［84］SOUSA L H C, MOTTA LIMA O C, PEREIRA N C. Analysis of drying kinetics and moisture distribution in convective textile fabric drying ［J］. Drying technology, 2006, 24(4): 485–497.

［85］PAGE G E. Factors influencing the maximum rates of air drying shelled corn in thin layers ［J］. Purdue University, Lafayette, 1949.

［86］STRUMILLO C. Drying: principles, applications and design ［M］. CRC Press, 1986.

［87］中国国家标准化管理委员会. 家用和类似用途滚筒式洗衣干衣机技术要求：GB/T 23118—2008 ［S］. 北京：中国标准出版社，2008.

［88］中国国家标准化管理委员会. 家用和类似用途电器噪声测试方法 滚筒式干衣机的特殊要求：GB/T 4214.7-2012 ［S］. 北京：中国标准出版社，2012.

［89］李兆君，丁雪梅. 家庭滚筒烘干条件下服装内外在质量变化 ［J］. 家电科技，2013, (s1):7-10.

［90］BUISSON Y, RAJASEKARAN K, FRENCH A, et al. Qualitative and quantitative evaluation of cotton fabric damage by tumble drying ［J］. Textile Research Journal, 2000, 70(8): 739–743.

［91］GOYNES W R, ROLLINS M L. A scanning electron–microscope study of washer–dryer abrasion in cotton fibers［J］. Textile Research Journal, 1971, 41(3): 226–231.

［92］HIGGINS L, ANAND S, HALL M, et al. Effect of tumble–drying on selected properties of knitted and woven cotton fabrics: part Ⅱ: effect of moisture content, temperature setting and time in dryer on cotton fabrics［J］. Journal of the Textile Institute, 2003, 94(1–2): 129–139.

［93］猪子忠德，赵平. 干燥方法对各种棉针织物收缩率的影响［J］. 国外纺织技术（针织、服装分册），1983(18): 3.

［94］桃厚子，郑万华. 转笼式干燥对服装的变形和耗损的影响——关于幼儿T恤衫［J］. 国外纺织技术（针织、服装分册），1988(17): 29–34.

［95］胡维维，等. 家庭滚筒干衣机加热丝功率对机织物外观平整性的影响［C］//2015年中国家用电器技术大会论文集. 北京：电器杂志社，2015:6.

［96］BROWN P. The effects of tumble–drying on some sensory and physical properties of acrylic knitwear［J］. Textile Research Journal, 1970, 40(6): 536–542.

［97］BAKER C. Energy efficient dryer operation—an update on developments［J］. Drying Technology, 2005, 23(9–11): 2071–2087.

［98］赵晓君. 基于共情观的酒店专用型干衣机改良设计［D］. 南昌大学，2016.

［99］韦玉辉，丁雪梅. 烘干过程织物热学电学性能的动态分析［C］//2016年中国家用电器技术大会论文集. 北京：电器杂志社，2016: 6.

［100］陈晓彬. 纸页干燥过程建模与能效模拟优化研究［D］. 广州：华南理工大学，2016.

［101］丁雪梅，韦玉辉. 一种用于干衣机内织物烘干技术研究的动态反馈测控平台：104562607A［P/OL］. 2015–04–29.

［102］丁雪梅，韦玉辉. 一种干衣机内织物烘干程度双重自动测控平台及其方法：104452227A［P/OL］. 2015–03–25.

［103］丁雪梅，韦玉辉. 一种干衣机内织物温度动态追踪测试平台及其测试方法：104764529A［P/OL］. 2015–07–08.

［104］林衍发. 冷热联供农产品干燥设备的多参数控制系统开发［D］. 仲恺农业工程学院，2014.

［105］张素珍. 弹性针织物的尺寸稳定性研究［D］. 东华大学，2011.

［106］曾林泉. 纺织品热定型整理原理及实践（2）［J］. 染整技术，2012, 34(1): 5–9.

［107］陶斌斌. 多孔介质对流干燥传热传质机理的研究及其数值模拟［D］. 河北工业大学，2004.

［108］韦玉辉，宁琳，吴锦川，等. 转筒运动方式对羊毛织物起毛起球性能的影响［J］. 毛纺科技，2017, 45(7): 26–30.

［109］韦玉辉，宁琳，吴雄英，等. 家用干衣机滚筒烘干方式对羊毛织物性能的影响［J］. 纺织学报，2017, 38(7): 69–74.

［110］袁建荣，孙菲菲，丁雪梅. 家庭滚筒洗涤下机织物起皱机理及其影响因素［J］. 家电科技，

2013(S1): 64–67.

［111］袁建荣. 机织物家庭滚筒洗衣机洗涤起皱机理研究［D］. 上海：东华大学，2014.

［112］李国生，张瑜，韦玉辉. 织物运动对干衣机烘干效率的影响研究［J］. 毛纺科技，2017, 45(1): 47–52.

［113］王欣. 基于支持向量机的回转干燥窑生产过程建模与能耗优化研究［D］. 长沙：中南大学，2010.

［114］肖姣. 基于对流·辐射·传导解析的街区室外热环境影响因子研究［D］. 武汉：华中科技大学，2012.

［115］丁雪梅，韦玉辉. 一种实现干衣机节能节时的烘干程序优化方法：105239339A［P/OL］. 2016–01–13.

［116］吴赞敏. 棉织物环境友好型生物—化学法超柔软整理及模糊专家评估系统的开发研究［D］. 天津工业大学，2004.

［117］翁小秋. 棉织物的风格特征与童装舒适性功能设计［J］. 温州大学学报，2001(4): 86–89.

［118］韦玉辉，李鹏飞，丁雪梅. 干衣机对烘干织物外观及物理性能的影响［J］. 针织工业，2016,(8): 74–77.

［119］纪小娟，韦玉辉. 干衣机内毛织物烘干损伤研究［J］. 毛纺科技，2016, 44(12): 38–42.

［120］YUN C, PATWARY S, LEHEW M L, et al. Sustainable care of textile products and its environmental impact: Tumble–drying and ironing processes［J］. Fibers and Polymers, 2017, 18(3): 590–596.

［121］VERMA L R, BUCKLIN R, ENDAN J, et al. Effects of drying air parameters on rice drying models［J］. Transactions of the ASAE, 1985, 28(1): 296–301.

［122］LAITALA K, BOKS C, KLEPP I G. Potential for environmental improvements in laundering［J］. International Journal of Consumer Studies, 2011, 35(2): 254–264.

［123］DOYLE R, DAVIES A R. Towards sustainble household consumption: exploring a practice oriented, participatory backcasting approach for sustainable home heating practices in Ireland［J］. Journal of Cleaner Production, 2013, 48: 260–271.

［124］英国标准会. 纺织品——洗涤和烘干后尺寸变化的测定：BS EN ISO 5077：2008.［S］. 英国标准学会. 2008.

［125］英国标准会. 纺织品——家洗和烘干后衣服和其它纺织品外观评估用方法：BS EN ISO 15487：2010［S］. 英国标准学会. 2010.

［126］CAVACO–PAULO A. Improving dimensional stability of cotton fabrics with cellulase enzymes［J］. Textile Research Journal, 2001, 71(9): 842–843.

［127］CHERIAA R, MARZOUG I B, SAKLI F. Effects of industrial ironing on mechanical and dimensional properties of cotton, wool and polyester fabrics［J］. Indian Journal of Fibre & Textile Research (IJFTR), 2016, 41(2): 167–172.

［128］CROSSLEY J, GIBSON C, MAPLEDORAM L, et al. Atomic force microscopy analysis of wool fibre surfaces in air and under water［J］. Micron, 2000, 31(6): 659–667.

［129］ALUIGI A, CORBELLINI A, ROMBALDONI F, et al. Morphological and structural investigation of wool–derived keratin nanofibres crosslinked by thermal treatment［J］. International Journal of Biological Macromolecules, 2013(57): 30–37.

［130］WAN A, JIANG G, YU W, et al. Fuzzing mechanism and fibre fatigue of wool knit［J］. Indian Journal of Fibre & Textile Research (IJFTR), 2014, 39(3): 238–243.

［131］STEMMELEN D, MOYNE C, PERRE P, et al. Drum drying of fabrics［J］. Drying technology, 1997, 15(9): 2089–2112.

［132］WAN A, YU W. Effect of wool fiber modified by ecologically acceptable ozone–assisted treatment on the pilling of knit fabrics［J］. Textile Research Journal, 2012, 82(1): 27–36.

［133］TRASK B J, BENINATE J V. Thermal analyses of flame-retardant twills containing cotton, polyester and wool［J］. Journal of Applied Polymer Science, 1986, 32(5): 4945–4957.

［134］WEI Y, GONG R H, NING L, et al. Research on physical properties change and damage behavior of cotton fabrics dried in drum–dryer［J］. The Journal of The Textile Institute, 2017, 1–12.

［135］ALOMAYRI T, SHAIKH F, LOW I M. Thermal and mechanical properties of cotton fabric–reinforced geopolymer composites［J］. Journal of Materials Science, 2013, 48(19): 6746–6752.

［136］WEI Y, WANG X, SU Z, et al. Research on micro-damage behavior of wool fabrics drying in domestic dryer［J］. Microscopy Research and Technique, 2017,

［137］陈菊慧. 羊毛低温染色助剂及纤维强力提升剂的开发和应用［D］. 上海：东华大学，2008.

［138］刘颖. 羊毛、粘胶和棉玻璃化转变的测试及染整应用［D］. 上海：东华大学，2011.

［139］KAMIDE K. Cellulose and cellulose derivatives［M］. Amsterdam Elsevier, 2005.

［140］FUKATSU K. Thermal degradation behaviour of aromatic polyamide fiber blended with cotton fiber［J］. Polymer Degradation and Stability, 2002, 75(3): 479–484.

［141］HOUFF W H, WILLS C, BEAUMONT R. Chemical damage in wool: Part Ⅱ: effects of alkaline solutions［J］. Textile Research Journal, 1957, 27(3): 196–199.

［142］李国生，张瑜，韦玉辉. 影响干衣机内织物运动轨迹的因素分析［J］. 毛纺科技，2016, 44(12): 57–61.

［143］YUN C, CHO Y, PARK C H. Washing efficiency and fabric damage by beating and rubbing movements in comparison with a front–loading washer［J］. Textile Research Journal, 2017, 87(6): 708–714.

［144］韦玉辉，苏兆伟，吴雄英，等. 干衣机内织物烘干损伤程度表征方法探讨［J］. 天津纺织科技，2017(2): 48–52.